世纪英才 高等职业教育课改系列规划教材 （通信专业）Communications Professional

WCDMA
基站维护教程

刘业辉 方水平 张博 ◎ 主编

胡晓光 贾岚 赵元苏 ◎ 副主编

WCDMA Base Station
Maintenance Tutorial

人民邮电出版社

北 京

图书在版编目（CIP）数据

WCDMA基站维护教程 / 刘业辉，方水平，张博主编
. -- 北京：人民邮电出版社，2013.7
世纪英才高等职业教育课改系列规划教材. 通信专业
ISBN 978-7-115-31740-7

Ⅰ. ①W… Ⅱ. ①刘… ②方… ③张… Ⅲ. ①时分多
址移动通信－通信设备－高等职业教育－教材 Ⅳ.
①TN929.533

中国版本图书馆CIP数据核字(2013)第108143号

内 容 提 要

本书主要介绍了现场依照工程文件核对、检查、接收运抵的基站系统硬件，安装基站系统（RNC 和 NodeB）的机柜、机框以及硬件模块、线缆制作、基站调测、基站维护等知识。本书以 WCDMA 基站系统安装调试过程中的实际工作任务来安排教学项目，分为项目 1：WCDMA 基站系统硬件配置，项目 2：WCDMA 基站线缆制作与检验，项目 3：WCDMA 基站开通调测，项目 4：WCDMA 基站运行与维护。每个项目分为若干个教学任务，全书共设计了 9 个教学任务。

本书适合从事 WCDMA 网络建设、运营、维护和 WCDMA 业务开发的工程技术人员和技术管理人员阅读，也可作为相关 WCDMA 技术培训班的培训教材，以及高等职业院校电子信息工程、通信工程等专业学生的参考书。

◆ 主　　编　刘业辉　方水平　张　博
　　副主编　胡晓光　贾　岚　赵元苏
　　责任编辑　韩旭光
　　责任印制　杨林杰

◆ 人民邮电出版社出版发行　　北京市崇文区夕照寺街 14 号
　　邮编　100061　　电子邮件　315@ptpress.com.cn
　　网址　http://www.ptpress.com.cn
　　中国铁道出版社印刷厂印刷

◆ 开本：787×1092　1/16
　　印张：12　　　　　　　　　　　2013 年 7 月第 1 版
　　字数：274 千字　　　　　　　　2013 年 7 月北京第 1 次印刷

定价：36.00 元
读者服务热线：(010)67132746　印装质量热线：(010)67129223
反盗版热线：(010)67171154
广告经营许可证：京崇工商广字第 0021 号

借助 3G 网络多元化的表现形式以及更加便捷的信息传输模式，传统的商业及运营模式将会发生巨大的改变，这也意味着相对封闭的传统基础电信产业链路将被打破。通信行业由封闭走向开放，更多企业将参与其中，并最终使之成为产业链上不可缺少的环节，3G 移动通信技术将成为更多企业的基础技能。

在新兴通信技术的强大支撑下，通信产业人才的结构正在悄然变革，大量新兴业务的产生，需要大量移动通信人才的加入。我们了解到，除了站在行业前沿的高端人才外，移动通信产业的基层应用技能型人才面临着更大的缺口，特别是经过 3G 培训的移动通信人才，更是受到业界的欢迎。

依照通信企业的需求，与企业合作，参照通信企业实际工作任务要求，调整课程设置和教学内容，为学生提供适应企业岗位需求的专业化、系统化的职业技能教育体系，最大化地保证学生毕业时所掌握的技术与当前市场需求相一致，提高学生就业竞争力。为此，我们编写了这本《WCDMA 基站维护教程》教材。

本书以 WCDMA 基站系统安装调试过程中的实际工作任务来安排教学项目，分为项目 1：WCDMA 基站系统硬件配置；项目 2：WCDMA 基站线缆制作与检验；项目 3：WCDMA 基站开通调测；项目 4：WCDMA 基站运行与维护。每个项目分为若干个教学任务，全书共设计了 9 个教学任务。这些教学任务主要从现场对照工程文件核对、检查、接收运抵的基站系统硬件入手，培养学生硬件安装、线缆制作、基站调测、基站维护等方面的技能。

本书由刘业辉、方水平和张博任主编，贾岚、赵元苏和杨传军任副主编。

项目 1 由刘业辉和北京金戈大通信息技术有限公司张博共同编写，项目 2 由方水平和北京金戈大通信息技术有限公司贾岚共同编写，项目 3 由北京金戈大通信息技术有限公司于涛和杨传军共同编写，项目 4 由北京工业职业技术学院通信教研室赵元苏、杨洪涛、朱贺新、宋玉娥、王笑洋共同编写，全书由方水平负责统稿。

本书在编写过程中得到了北京工业职业技术学院领导的大力支持，也得到了通信教研室其他同事和中兴通讯、华为等企业同仁的帮助，在此表示由衷的感谢。由于工程类教材选题开发的特殊性，北京金戈大通信息技术有限公司特别邀请了行业内的相关技术专家来协助本书的编写，在此一并表示感谢。

限于编者的水平，书中难免有错误和疏漏之处，敬请广大读者批评指正。

编　者

2013 年 4 月

项目 1 WCDMA 基站系统硬件配置

一、项目整体描述

在 WCDMA 基站系统安装调试过程中，首要的一项任务就是安装基站系统（RNC 和 NodeB）的机柜、机框以及硬件模块。在实际的工程项目中，机柜、机框以及硬件模块均由厂家定制生产，在出厂时硬件模块已经安装在机框中，并且机框也已经被安装在机柜中，所以在现场基本不需要工程人员做太多调整，因此，熟悉基站系统的硬件配置（具体到模块），在现场依照工程文件核对、检查、接收运抵的基站系统硬件，及时填写相关表格、反应现场情况是每一个工程人员必备的能力。

本项目以华为公司生产的设备作为参照（以现场实际配置的硬件为例）。安排学生对硬件模块检查及核对，使学生掌握设备现场工程师所需要的技能。

具体任务有两个，分别涉及 NodeB 和 RNC，第一个任务就是要求学员对照现场设备的配置文件，了解房间内的机柜布局、机柜内的插框、插框中的单板类型，检查机柜上粘贴的标签与机柜内的设备是否一致；第二个任务要求学员细致检查机框中的各个单板，并能够根据查看到的情况，了解基站系统的处理能力、机柜之间具体需要怎样连接，需要使用哪些类型的接口、电缆等。

通过实训，学生将能够掌握 WCDMA 现场设备硬件的检查、核对等技能，更好地与企业工程实践岗位技能相对应。

任务 1 NodeB 硬件配置

1. 任务说明

本任务要求学生在规定的时间内，完成对基站系统中的 NodeB（RAN12.0 DBS3900）的机柜、机框以及硬件模块的检查和核对，填表并画出硬件配置连接图。注意学习如何使用现场文件以及标准硬件手册。（表格式样如表 1-1、表 1-2 所示）

表 1-1　　　　　　　　　　　NodeB 硬件配置样表（满配置的情况）

硬件单元名称：BBU3900		
单板名称及型号	槽道位置	最大配置数量
WMPT	Slot7/6	2
WBBP	Slot3/1/2 Slot0/1/2	4

续表

硬件单元名称：BBU3900		
单板名称及型号	槽道位置	最大配置数量
FAN	Slot16	1
UPEU	Slot19/18	2
USCU	Slot1/0	1
UTRP	Slot4/5/0/1	4
UEIU	Slot18	1

备注：表中各单板中的数量为最大配置数量

表 1-2　　　　　　　　NodeB 硬件配置样表（标准配置情况）

硬件单元名称：RRU3804		
项　　目	面 板 标 识	说　　明
1. 接口 底部面板	RX_IN/OUT	RRU 互连接口
	RET	电调天线通信接口
	ANT_TX/RXA	主集发送/接收射频接口
	ANT_RXB	分集接收射频接口
配线箱面板	RS485/EXT_ALM	告警接口
	CPRI_E	光接口
	CPRI_W	
	RTN(+)	电源接口
	NEG(-)	
	PGND	电源线屏蔽层接地夹
2. 指示灯 指示灯	RUN	参见 RRU 指示灯含义描述
	ALM	
	TX_ACT	
	VSWR	
	CPRI_W	
	CPRI_E	

　　华为 NodeB 是根据 3GPP R99/R4/R5/R6/R7/R8 FDD 协议开发的，具备完备的基本功能和天馈系统解决方案。

　　NodeB 主要由 BBU（Building Base Band Unite，室内基带处理单元）和 RRU（Radio Remote Unit，射频远端处理单元）构成。各单元工作原理、具体功能描述以及外形等参见任务学习指南的相关内容。

　　硬件配置功能图如图 1-1 所示。

　　2. 材料与工具

　　完成本任务所需要的材料与工具如图 1-2 所示。

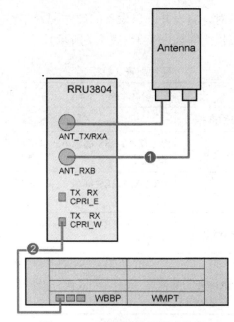

图 1-1　NodeB 硬件配置功能图

纸、笔　　皮尺　　　长卷尺　　　防静电手环　　　NodeB

图 1-2　材料与工具

3. 具体要求

（1）任务完成时间为 70min。

（2）按照提供的 BBU 硬件配置样表 1-1 的格式，检查实际配置的硬件，填写硬件设备配置表（空）中的各个项目，包括模块名称、型号、单板所在槽道号、已配置的外部电缆型号及电缆长度等信息，并要求学生能描述各单板的功能。

（3）按照提供的 RRU 硬件配置样表 1-2 的格式，检查实际配置的硬件，填写硬件设备配置表（空）中的各个项目，包括接口类型、数量、指示灯名称、线缆类型及长度等信息，并要求学生能描述各部分的功能。

（4）按实际配置情况画出 NodeB 设备的硬件配置和连接图。

任务 2　RNC 硬件配置

1. 任务说明

本任务要求学生在规定的时间内，完成对基站系统中的 RNC（BSC 6180）的机柜、机框以及硬件模块的检查和核对，填表并画出设备的硬件配置和连接图。注意学习如何使用现场文件以及硬件手册（表格式样如表 1-3～表 1-7 所示）。

表 1-3　　　　　　　　　　　　　　硬件配置（机柜）

硬件单元名称：RSR			
机 柜 名 称	机柜内插框编号	插 框 名 称	插框数量
RSR （RNC Switch Rack, RNC 交换机柜）	WRSS-0	WCDMA RSS 插框 0，位于机柜最下方的插框位置	1
	WRBS-1	WCDMA RBS 插框 1，位于机柜中间的插框位置	1
	WRBS-2	WCDMA RBS 插框 2，位于机柜最上方的插框位置	1

备注：

本样表中列出的是满配置的 RSR 插框分布情况，总计 3 个插框，包括 1 个 RSS 和 2 个 RBS。实训机房的设备并不是满配置，请学生注意对照检查

表 1-4　　　　　　　　　　　　　　硬件配置表（机柜）

硬件单元名称：RBR（RNC Business Rack）			
机 柜 名 称	已配置插框名称	插 框 编 号	插 框 数 量
RBR（RNC 业务机柜）	WRBS-3	WCDMA RBS 插框 3，位于机柜最下方的插框位置	1
	WRBS-4	WCDMA RBS 插框 4，位于机柜中间的插框位置	1
	WRBS-5	WCDMA RBS 插框 5，位于机柜最上方的插框位置	1

备注：

本样表中列出的是满配置的 RBR 插框分布情况，总计 3 个插框，即 3 个 RBS。实训机房的设备并没有这个机柜配置，请学生注意对照检查

表 1-5　　　　　　　　　　　　　　硬件配置表（插框）

硬件单元名称：RSR—RSS				
单板名称及型号	槽道位置	数量	外部接口型号	已配置的外部电缆类型及长度
SPUa	00—05	6	4 个 10/100/1000BASE-T	2 m
SCUa	06—07	2	12 个 10/100/1000BASE-T 1 个 RJ45 调试串口 1 个 RJ45 时钟接口 1 个 SMB 时钟测试输出接口	2 m
DPUb/SPUa	08—11	4	无	

续表

单板名称及型号	槽道位置	数量	外部接口型号	已配置的外部电缆类型及长度
			硬件单元名称：RSR—RSS	
GCUa	12—13	2	10 个 RJ45 同步时钟信号输出接口 2 个 RJ45 串口 2 个 SMB 测试时钟输入接口 2 个 SMB 时钟信号输入接口	2 m
RINT/DPUb	14—19	6		
OMUa	20—21	1	4 个 USB 3 个 RJ45 GE 接口 2 个 DB-9 串口	2 m
OMUa	22—23	1	4 个 USB 3 个 RJ45 GE 接口 2 个 DB-9 串口	2 m
RINT	24—27	4	根据安装的硬件单板不同，接口有区别	具体参见单板介绍和厂家相关手册

备注：
(1) 本样表中列出的是 RSR 机柜中满配置的 RSS 框单板分布情况，总计 28 块单板：6 个 SPUa 专用位置、2 个 SCUa 专用位置、4 个 DPUb/SPUa 可替换位置、6 个 RINT/DPUb 可替换位置、2 个 OMUa 专用位置（占用 4 个槽道位置）、4 个 RINT 专用位置
(2) RINT 单板（接口单板）指 AEUa 单板、AOUa 单板、UOIa 单板、PEUa 单板、POUa 单板、FG2a 单板、GOUa 单板。实训机房的设备并不是满配置，请学生注意对照检查

表 1-6　　　　　　　　　　　　　硬件配置表（插框）

单板名称及型号	槽道位置	数量	接口型号	已配置的外部电缆类型及长度
			硬件单元名称：RSR—RBS	
SPUa	00—05	6	4 个 10/100/1000BASE-T	2m
SCUa	06—07	2	12 个 10/100/1000BASE-T 1 个 RJ45 调试串口 1 个 RJ45 时钟接口 1 个 SMB 时钟测试输出接口	2m
DPUb/SPUa	08—11	4	无	2m
DPUb	12—13	2	无	2m
RINT/DPUb	14—19	6		具体参见单板介绍和厂家相关手册
RINT	20—27	8		具体参见单板介绍和厂家相关手册

备注：
(1) 本样表中列出的是 RSR 机柜中满配置的 RBS 框单板分布情况，总计 28 块单板：6 个 SPUa 专用位置、2 个 SCUa 专用位置、4 个 DPUb/SPUa 可替换位置、2 个 DPUb 专用位置、6 个 RINT/DPUb 可替换位置、8 个 RINT 专用位置
(2) RINT 单板（接口单板）指 AEUa 单板、AOUa 单板、UOIa 单板、PEUa 单板、POUa 单板、FG2a 单板、GOUa 单板。实训机房的设备并不是满配置，请学生注意对照检查

表 1-7 硬件配置表（插框）

单板名称及型号	槽道位置	数量	接口型号	已配置的外部电缆类型及长度
硬件单元名称：RBR—RBS				
SPUa	00—05	6	4 个 10/100/1000BASE-T	2m
SCUa	06—07	2	12 个 10/100/1000BASE-T 1 个 RJ45 调试串口 1 个 RJ45 时钟接口 1 个 SMB 时钟测试输出接口	2m
DPUb/SPUa	08—11	4	无	2m
DPUb	12—13	2	无	2m
RINT/DPUb	14—19	6		具体参见单板介绍和厂家相关手册
RINT	20—27	8		具体参见单板介绍和厂家相关手册

备注：

本样表中列出的是 RBR 机柜中满配置的 RBS 框单板分布情况，总计 28 块单板：6 个 SPUa 专用位置、2 个 SCUa 专用位置、4 个 DPUb/SPUa 可替换位置、2 个 DPUb 专用位置、6 个 RINT/DPUb 可替换位置、8 个 RINT 专用位置。实训机房的设备并没有配置 RBR 机柜，因此也没有 RBR—RBS 插框，请学生注意对照检查

本任务针对的设备是华为公司生产的 RNC，型号为 BSC6810。BSC6810 的接口（包括 Iub、Iur、Iu-CS、Iu-PS 和 Iu-BC）都是标准的接口，能够和其他厂商的 NodeB、RNC、MSC、SGSN、CBC 等设备对接。

BSC6810 单元由多个功能单元构成，若干个功能单元被集成到两种插框中，具体各单元功能描述以及外形等信息参见任务学习指南相关内容。

硬件配置连接图（RNC 最小配置时的情况）如图 1-3 所示。

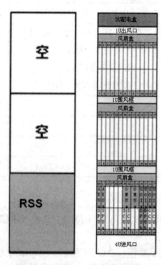

图 1-3 RNC 硬件配置图

2. 材料与工具

完成本任务所需要的材料与工具如图 1-4 所示。

纸、笔

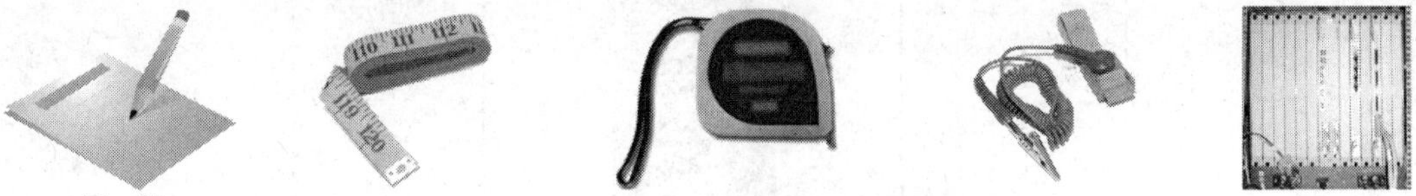

皮尺

长卷尺

防静电手环

RNC

图 1-4　材料与工具

硬件配置表（空表）参见前面所列的样表 1-1～表 1-7。

3. 具体要求

（1）任务完成的时间为 70min。

（2）按照提供的 RSR 硬件配置样表的格式，检查实际配置的 RSS 和 RBS 中插框的硬件，填写硬件设备配置表（空）中的各个项目，包括模块名称、型号、单板所在槽道号、已配置的外部电缆型号及电缆长度等信息，并要求学生能描述各单板的功能。

（3）按照提供的 RBR 硬件配置样表的格式，检查实际配置的 RSS 和 RBS 中插框的硬件，填写硬件设备配置表（空）中的各个项目，包括模块名称、型号、单板所在槽道号、已配置的外部电缆型号及电缆长度等信息，并要求学生能描述各单板的功能。

（4）按实际的硬件配置情况画出 RNC 设备的硬件配置图。

二、任务学习指南

（一）3G 移动通信的概述

3G（3rd Generation），是指第三代移动通信技术。它是将无线通信与互联网等多媒体通信结合的新一代移动通信系统；它能够处理图像、音乐、视频流等多种媒体形式，提供包括网页浏览、电话会议、电子商务等多种信息服务。为了提供这些服务，无线网络必须能够支持不同的数据传输速度，也就是说，在室内、室外和行车的环境中能够分别支持至少 2Mbit/s、384kbit/s 和 144kbit/s 的传输速度。

CDMA 被认为是第三代移动通信（3G）技术的首选，目前的标准有 WCDMA、cdma 2000、TD-SCDMA。

（二）WCDMA 系统结构原理

1. 系统概述

UMTS（Universal Mobile Telecommunication Systems，通用移动通信系统）是采用 WCDMA 空中接口的第三代移动通信系统，通常也把 UMTS 系统称为 WCDMA 通信系统。UMTS 系统应用了与第二代移动通信系统一样的结构，它包括一些逻辑网络单元。不同的逻辑网络单元可以从功能上或它所属的不同的子网（Subnetwork）上进行分组。

从功能上，逻辑网络单元可以分为无线接入网络（Radio Access Network，RAN）和核心网（Core Network，CN）。其中，无线接入网络 RAN 用于处理所有与无线有关的功能，而 CN 处理 UMTS 系统内所有的语音呼叫和数据连接与外部网络的交换和路由等。

上述两个单元与用户设备（User Equipment，UE）一起构成了整个 UMTS 系统。其系统结构如图 1-5 所示。

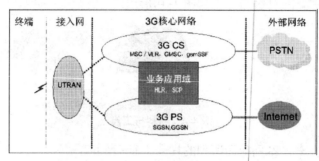

图 1-5　UMTS 系统结构

2．R99 网络的网元和接口概述

从 3GPP R99 标准的角度来看，UE 和 UTRAN（UMTS 的陆地无线接入网络）由全新的协议构成，其设计基于 WCDMA 无线技术。而 CN 则采用了 GSM/GPRS 的定义，这样可以实现网络的平滑过渡。3GPP R99 网络结构如图 1-6 所示。

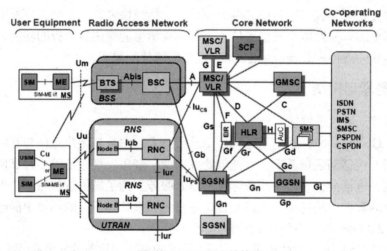

图 1-6　R99 网络结构

R99 核心网分为电路域（CS）和分组域（PS），电路域基于 GSM Phase2+的电路核心网的基础上演进而来，分组域基于 GPRS 核心网的基础上演进而来，内部为传统的 TDM 网络。电路域包括的网络单元有：移动业务交换中心（MSC）、访问位置寄存器（VLR）、网关移动业务交换中心（GMSC）；分组域包括的网络单元有：GPRS 业务支持节点（SGSN）、网关 GPRS 支持节点（GGSN）；归属位置寄存器（HLR）、鉴权中心（AuC）和移动设备识别寄存器（EIR）、短消息中心（SC）为电路域和分组域共用的网元。从整个 CN 子系统来看，UMTS R99 核心网与 GSM、GPRS 核心网之间的差别主要体现在 Iu 接口与 A 接口的差别、CAMEL 的差别以及业务上的差别等。与 GPRS 系统相比，WCDMA 显著地提高了无线资源的利用率，简化了核心网部分的协议栈，将处理工作下移给 RNC。核心网中的主要技术突破，是引进了具有 AAL2 和 AAL5 适配方式的 ATM 交换技术、IP 技术、AMR 编解码技术、TransCode 技术和基于 CS/PS 域的 Iu 接口技术。同时，与第二代移动通信系统相比，核心网在 CAMEL 业务、LCS 系统等方面都进行了功能增强性设计。

无线接入网络的网络单元包括无线网络控制器（Radio Network Controller，RNC）和 WCDMA 的收、发信基站（NodeB）两部分。

从网络结构中可以看出，WCDMA 系统主要有如下接口：USIM 卡和 ME 之间的电气接口 Cu 口、WCDMA 的无线接口 Uu 口、UTRAN 和 CN 之间的接口 Iu 口、RNC 之间的接口 Iur 口以及 NodeB 和 RNC 的接口 Iub 口。

（1）移动业务交换中心 MSC。移动业务交换中心 MSC 是 CS 域网络的核心，为 CS 域特有的设备，用于连接无线系统（包括 BSS、RNS）和固定网。它提供交换功能、负责完成移动用户寻呼接入、信道分配、呼叫接续、话务量控制、计费等功能，并提供面向系统其他功能实体和面向固定网（PSTN、ISDN、PDN）的接口功能。作为网络的核心，MSC 与其他网络单元协同工作，完成移动用户位置登记、越区切换和自动漫游、合法性检验及频道转接等功能。

MSC 从 VLR、HLR/AuC 数据库获取处理移动用户的位置登记和呼叫请求所需的数据。反之，MSC 也根据其最新获取的信息请求更新数据库中的部分内容。

（2）访问位置寄存器 VLR。访问位置寄存器 VLR 为 CS 域特有的设备，是服务于其控制区域内的移动用户。它存储着进入其控制区域内已登记的移动用户的相关信息，为已登记的移动用户提供建立呼叫接续的必要数据。VLR 从该移动用户的归属位置寄存器（HLR）获取并存储必要的数据。当 MS 漫游出该 VLR 的控制范围，则重新在另一个 VLR 登记，原 VLR 将取消临时记录的移动用户数据，因此，VLR 可以看作一个动态用户数据库。

（3）网关移动业务交换中心 GMSC。网关 MSC（GMSC），即移动关口局，是 WCDMA 移动网 CS 域与外部网络之间的网关节点，GMSC 是电路域特有的设备，是可选功能节点，是用于连接 CS 域与外部 PSTN 的实体。通过 GMSC，可以完成 CN 的 CS 域与 PSTN 的互通。它主要功能是完成 VMSC 功能中的呼入、呼出的路由功能。在业务量小时，物理上可与 MSC 合一。

（4）GPRS 业务支持节点 SGSN。SGSN 是 GPRS 业务支持节点，SGSN 为 PS 域特有的设备，是 PS 域的核心。SGSN 提供核心网与无线接入系统 BSS、RNS 的连接，在核心网中与 GGSN/GMSC/HLR/EIR/SCP 等有接口。SGSN 完成分组数据业务的移动性管理、会话管理等功能，管理 MS 在移动网络内的移动和通信业务，并提供计费信息。

（5）网关 GPRS 支持节点 GGSN。GGSN 是网关 GPRS 支持节点，也是分组域特有的设备，可以将 GGSN 理解为连接 GPRS 网络与外部网络的网关。GGSN 提供数据包在 WCDMA 移动网和外部数据网之间的路由和封装。它的主要功能是同外部 IP 分组网络的接口功能，GGSN 需要提供 UE 接入外部分组网络的关口功能，从外部网的观点来看，GGSN 就好像是可寻址 WCDMA 移动网络中所有用户 IP 的路由器，需要同外部网络交换路由信息。GGSN 通过 Gn 接口与 SGSN 相连，通过 Gi 接口与外部数据网络（Internet/Intranet）相连。

（6）归属位置寄存器与鉴权中心 HLR/AuC。归属位置寄存器（HLR）为 CS 域和 PS 域共用的设备，是一个负责管理移动用户的数据库系统。它存储着所有在该 HLR 签约的移动用户的位置信息、业务数据、账户管理等信息，从而完成移动用户的数据管理（MSISDN、IMSI、PDP ADDRESS、签约的电信业务和补充业务及其业务的使用范围），并可实时提供对用户位置信息的查询和修改及实现各类业务操作，包括位置更新、呼叫处理、鉴权、补充业务等，完成移动通信网中用户移动性管理（MSRN、MSC 号码、VLR 号码、SGSN 号码、GMLC 等）。

鉴权中心（AuC）也是 CS 域和 PS 域的共用设备，用于系统的安全性管理，是存储用户鉴权算法和加密密钥的实体，用来防止无权用户接入系统和保证通过无线接口的移动用户通信的安全。AuC 将鉴权和加密数据通过 HLR 发往 VLR、MSC 以及 SGSN，以保证通信的合法和安全。每个 AuC 和对应的 HLR 关联，只通过该 HLR 和外界通信。

（7）移动设备识别寄存器 EIR。移动设备识别寄存器（EIR）存储着移动设备的国际移动设备识别码（IMEI），通过核查白色清单、黑色清单或灰色清单这 3 种表格，在表格中分别列出准许使用的、出现故障需监视的、失窃不准使用的移动设备的 IMEI 号码，使得运营部门对于不管是失窃还是由于技术故障或误操作而危及网络正常运行的 UE 设备，都能采取及时的预防措施，以确保网络内所使用的移动设备的唯一性和安全性。

3. R5 网络结构概述。

R5 网络随 ALL IP 网络的出现，不但在核心网络实现 IP，在无线接入部分也引入 IP。为适应 IP 多媒体业务的出现，除原有的 CS、PS 域之外，在核心网内部新增 IP 多媒体域 IPM，IPM 对应 IMS 系统，使用 IPv6 协议作为基本的 IP 承载协议，引入大量新的功能实体，可连接多种无线接入技术（UTRAN、ERAN）。智能业务的控制更加灵活，由 CAMEL4 完成。R5 网络结构如图 1-7 所示。

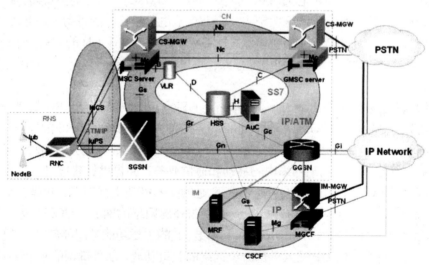

图 1-7　R5 网络结构

在接入网无线接口采用 HSDPA 技术，数据速率达到 10.8Mbit/s。同时接入网提供多种无线接入技术（UTRAN、ERAN），且为多核心网共享，可以被多个核心网管理。

UE 性能大大提升，支持会话发起协议 SIP 进行 VoIP 通话，实际变为 SIP 用户代理，具有比以前更强的业务控制能力。

R5 中对 SGSN、GGSN 节点的功能进行了增强，不仅能支持数据业务，而且能支持传统上属于电路交换的业务（如语音业务），即支持合适的 QoS 功能。

（1）媒体网关控制器 MGCF。媒体网关控制器 MGCF（Media Gateway Control Function）用于控制 MGW 媒体通道的连接，选择入呼叫所使用的 CSCF，以及 3G 全 IP 网络与 2G 网络的呼叫接续控制。

（2）呼叫控制网关 CSCF。呼叫控制网关 CSCF（Call State Control Function）功能类似 MSC，用于在全 IP 网络中完成呼叫接续与控制，对来自或发往用户的多媒体会话（Multimedia Session）的建立、保持和释放进行管理，充当代理服务器或登记服务器作用。CSCF 从功能上来划分可以划分为：入呼叫控制网关 ICGW（Incoming Call Gateway）用于完成入呼叫的路由、地址转化等控制功能；呼叫控制 CCF（Call Control Function）用于完成呼叫控制、资源分配以及计费等功能；控制配置器 SPD（Serving Profile Database）通过与 HSS 交互，可以得到与控制配置信息；地址处理器 AH（Address Handling）完成地址解析与转换功能。以 CSCF 为核心形成 IP 多媒体子系统，实现在 IP 网络上传输语音、数据、图像等各种媒体流。

（3）会议电话桥分 MRF。MRF（Multimedia Resource Function）会议电话桥分功能，用于完成多方通话以及多方会议的功能。

（4）归属用户服务器 HSS。归属用户服务器 HSS 是网络中移动用户的主数据库，存储支持网络实体完成呼叫/会话处理相关的业务信息。HSS 和 HLR 一样，负责维护管理有关用户识别码、地址信息、安全信息、位置信息、签约服务等用户信息，区别是 HSS 接口采用基于类似 IP 的分组传输方式，而 HLR 使用基于 7 号信令系统的标准接口格式，同时 HSS 功能更强大，可处理更多的用户信息。

4．UTRAN 的一般结构

第三代移动通信系统的无线接入网由连接到核心网（CN）的多个无线网络子系统（RNS）组成，而每个 RNS 又包括一个无线网络控制器（RNC）和若干无线收发基站。无线接入网的逻辑结构如图 1-8 所示。

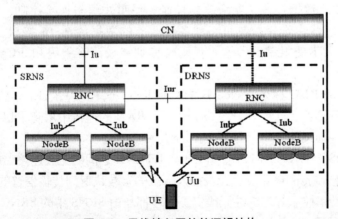

图 1-8　无线接入网的的逻辑结构

在图 1-8 中，无线接入网（RAN）的每个 RNS 都通过 Iu 接口与核心网互连，RNS 之间则通过 Iur 接口互连，而 RNC 与 NodeB 之间的接口是 Iub。RNS 负责给它所管理的小区分配资源，并且为每一个接入 RAN 的移动用户提供服务。当需要时（如 RNS 间的小区切换等），多个 RNS 也可以一起服务于接入 RAN 的同一移动用户（UE）。RNC 的主要作用之一是进行切换判决，并向 UE 发送控制信号。

为了支持系统的宏分集，RNC 还应该具备合并/分路的功能。此外，每个无线收发控制器也有合并/分路的能力，以支持小区内的收发分集。

在实际的第三代移动通信系统中，无线网络子系统 RNS 就是基站系统（BSS），基站控制器由 RNC 代替，NodeB 可被认为是基站无线收发子系统（BTS）。因此，基站分成 NodeB 和 RNC 两部分。NodeB 主要完成与无线传输相关的功能，如射频耦合、滤波、变频、放大、增益控制，以及调制/解调、扩频/解扩、信道编码/解码和信道复用/去复用等。RNC 则完成与无线传输无关的功能，包括呼叫处理、资源分配、代码转换和路由选择等。

5. RNC 子系统

RNC 即无线网络控制器，用于控制 UTRAN 的无线资源。它通常通过 Iu 接口与电路域（MSC）和分组域（SGSN）以及广播域（BC）相连，在移动台和 UTRAN 之间的无线资源控制（RRC）协议在此终止。它在逻辑上对应 GSM 网络中的基站控制器（BSC）。

RNC 完成无线接口的第 2 层和高层功能，亦即 L2 层（链路层）和 L3 层（包括 OSI 第 3 层及其以上各层）的功能。RNC 的 L2 层又可分为链路接入控制子层 LAC 和介质访问控制子层 MAC 两部分。LAC 子层通过无线接口在对等的高层 L3 之间提供数据传输，并支持不同的可靠性传输能力，以满足高层实体对各种业务应用的需要。为此，它采用一些不同的协议使每个高层实体的 QoS 要求与 MAC 子层的特性相匹配。在需要有更高 QoS 的情况下，LAC 子层可利用 ARQ 差错控制协议来提高端到端数据传输的可靠性。总之，LAC 子层的任务是把 L3 层的业务功能映射到 MAC 子层的逻辑信道上。

MAC 子层提供管理物理层信道资源的控制功能，并同时协调不同 LAC 业务实体对这些资源的使用需求，以解决 LAC 业务实体之间的信道争用问题。此外，MAC 子层还负责处理 LAC 业务实体提出的 QoS 等级请求，例如，在竞争的 LAC 业务实体之间确定优先服务级别或信道动态分配等。

L3 层包括分组数据控制、电路数据控制、呼叫处理与连接控制、移动管理和无线资源控制等功能。路由选择控制可实现各种业务的数据流在 Iu 接口、Iur 接口和 Iub 接口的各个信道上不受限制地传送；代码转换则完成语音编码和 PCM 编码之间的转换功能。

控制 NodeB 的 RNC 称为该 NodeB 的控制 RNC（CRNC），CRNC 负责对其控制的小区的无线资源进行管理。如果在一个移动台与 UTRAN 的连接中用到了超过一个 RNS 的无线资源，那么这些涉及的 RNS 可以分为以下几种。

（1）服务 RNS（SRNS）。RNS 管理 UE 和 UTRAN 之间的无线连接。它是对应于该 UE 的 Iu 接口（Uu 接口）的终止点。无线接入承载的参数映射到传输信道的参数，是否进行越区切换、开环功率控制等基本的无线资源管理都是由 SRNS 中的 SRNC（服务 RNC）来完成的。一个与 UTRAN 相连的 UE 有且只能有一个 SRNC。

（2）漂移 RNS（DRNS）。除了 SRNS 以外，UE 所用到的 RNS 称为 DRNS，其对应的

RNC 则是 DRNC。一个用户可以没有，也可以有一个或多个 DRNS。

实际的 RNC 中包含了所有 CRNC、SRNC 和 DRNC 的功能。

6. NodeB 子系统

NodeB 完成无线接口的第 1 层（物理层）功能，主要完成与无线传输相关的功能，如射频耦合、滤波、变频、放大、增益控制，以及调制/解调、扩频/解扩、信道编码/解码和信道复用/去复用等。

NodeB 包括射频前端和收/发信机，而射频前端又可分为发信前端和接收前端两部分。发信前端由发送天馈、双定向耦合器、带通滤波、线性功放和功率检测等单元组成。接收前端主要包括收信天线系统、测试耦合器、带通滤波器和低噪声放大器等部分。整个射频前端的组成如图 1-9 所示。

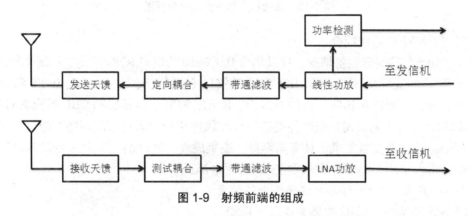

图 1-9 射频前端的组成

收发信机分为发信机、收信机和收发信频率合成器 3 大部分。发信机主要由中频上变频器、自动功率控制（APC）、射频上变频器和基带处理单元组成。来自基带处理单元的低中频已调信号，先经中频上变频、带通滤波、APC 放大，再经射频上变频和射频滤波，然后被送往发信前端。自动功率控制功能是通过对功率放大器的可变增益进行控制来实现的，它用来调整基站的覆盖范围。

发信基带处理单元完成多个信道（同步、公共、专用）发送所需的处理功能，如帧形成、卷积与交织、扩频编码、信道增益控制、前向开/闭环功控和调制等。

收信机主要包括接收带通滤波器、射频下变频器、中频滤波器、自动增益控制（AGC）电路、中频下变频和收信基带处理部分。由接收前端送来的射频接收信号经过混频/滤波，变换成第一中频，然后进行 AGC 放大；AGC 放大器的输入电压同时可作为接收信号的场强指示。AGC 放大输出的幅度恒定的一中频信号经过中频混频，再变换为第二中频信号；最后，送给基带接收单元去处理。

基带接收处理单元的主要功能是搜索捕获、解调/解扩、多经分离、信道估计、RAKE 接收，以及反向信道的 TPC 和 TFI 控制信息提取等，如图 1-10 所示。

频率合成器的任务是为收/发信机的时间频率单元提供标准的时钟参考信号。它在 CPU 的控制下，通过控制接口设定 RF 和 IF 的频率合成环路的分频比，使射频和中频工作在预定的频率上。

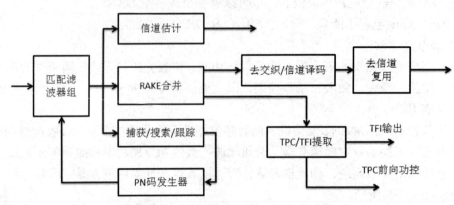

图 1-10　收信机基带单元的组成框图

（三）华为 RNC 系统简介

基于实训系统的实际设备情况，现以华为 BSC6810 为例对 RNC 系统进行阐述和说明。

华为 RNC 的型号为 BSC6810。BSC6810 的接口（包括 Iub、Iur、Iu-CS、Iu-PS 和 Iu-BC）都是标准的接口，能够和其他厂商的 NodeB、RNC、MSC、SGSN 和 CBC 等设备对接。

BSC6810 采用华为公司先进硬件交换平台和软件架构，满足移动网络宽带化，多制式融合的移动通信技术发展要求，具有高容量、高集成度、高性能、IP 化和低功耗的特点，易于维护，可向华为 GSM/UMTS 双模控制器平滑演进。

1. RNC 在 WCDMA 移动通信网络中的位置

WCDMA 系统中，RNC 主要完成以下功能。

（1）系统信息广播与 UE 接入控制。

（2）切换和 SRNS 迁移等移动性管理。

（3）宏分集合并、功率控制、小区资源分配等无线资源管理。

（4）电路域和分组域的无线接入承载服务。

（5）为 UE 和 CN 提供传输承载通道。

（6）对无线信道中的信令和数据进行加密和解密。

RNC 在 WCDMA 移动通信网络中的位置如图 1-11 所示。

RNC 与其他设备的接口如下。

（1）通过 Iub 接口和 NodeB 连接。

（2）通过 Iu-CS 接口和负责处理电路业务的核心网设备 MSC(R4/R5/R6/R7 构架下为 MSC Server 和 MGW)相连。

（3）通过 Iu-PS 接口和负责处理分组业务的核心网设备 SGSN 相连。

（4）通过 Iu-BC 和负责处理广播业务的 CBC 连接。

（5）通过 Iur 接口和其他 RNC 连接。

2. RNC 的逻辑结构

RNC 逻辑上由交换子系统、业务处理子系统、传输子系统、时钟同步子系统、操作维护子系统、供电子系统和环境监控子系统组成。RNC 逻辑结构如图 1-12 所示。

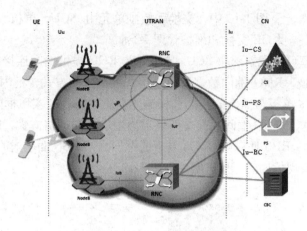

图 1-11　RNC 的网络位置

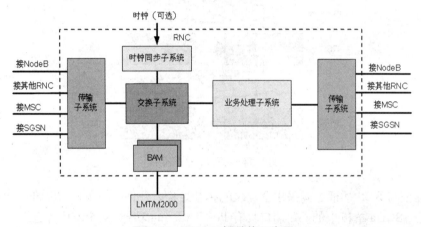

图 1-12　RNC 逻辑结构示意图

（1）RNC 交换子系统。RNC 交换子系统主要由各插框的交换和控制单元与插框的高速背板通道共同组成。RNC 交换子系统组成如图 1-13 所示。

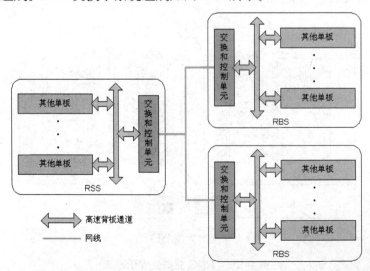

图 1-13　RNC 交换子系统组成

① 交换和控制单元。图 1-13 中，交换和控制单元由 SCUa 单板实现（请参见 SCUa 单板功能），为 RNC 提供 GE 交换和维护管理平台。

RNC 的每个插框可以配置两块 SCUa 单板，为 RNC 提供框间连接。

② 框内数据交换。RNC 框内数据交换采用背板通信的方式，框内交换通道提供 Port Trunking 功能，SCUa 单板与框内的其他单板通过高速背板通道实现框内的 GE 交换。

③ 框间数据交换。RNC 框间数据交换采用星型连接的通信方式，以 RSS 插框为中心框，RBS 插框为从框，RBS 插框的 SCUa 单板通过网线与 RSS 插框内的 SCUa 单板进行连接，通过 RSS 插框实现框间的 GE 交换，如图 1-14 所示。

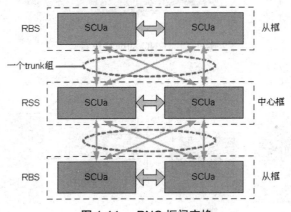

图 1-14　RNC 框间交换

RSS 插框与 RBS 插框之间采用全互联的拓扑结构，任何一块单板故障都不会影响 RNC 的数据交换。SCUa 单板上的 GE 端口具有 Port Trunking 功能，4 个 GE 通道组成一个 trunk 组，可以实现带宽扩展和业务均衡。

(2) RNC 业务处理子系统。RNC 业务处理子系统主要由信令处理单元和数据处理单元组成。RNC 业务处理子系统组成如图 1-15 所示。

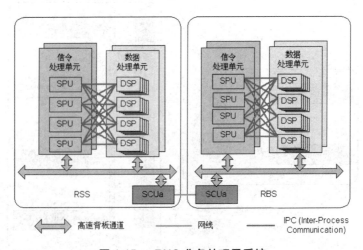

图 1-15　RNC 业务处理子系统

① 信令处理单元。信令处理单元由 SPUa 单板实现。1 块 SPUa 单板（请参见 SPUa 单板功能）包含 4 个独立的子系统，每个框中有一块 SPUa 单板的 0 号子系统作为 MPU（Main Processing Unit）子系统，进行用户面资源管理以及呼叫过程中的资源分配，其余的所有子系统作为 SPU（Signalling Process Unit）子系统，负责处理 Iu/Iur/Iub/Uu 接口信令消息，完成信令处理功能。

信令处理单元的功能可以分为无线网络层和传输网络层两个层次：

无线网络层实现 Uu 接口和 Iu/Iur/Iub 接口的信令处理；

传输网络层则提供 Iu/Iur/Iub 接口信令所需要的承载资源。

② 数据处理单元。数据处理单元由 DPUb 单板实现（请参见 DPUb 单板功能），1 块 DPUb 单板包含 22 个 DSP（Digital Signal Processor），负责对接口板发送来的数据进行 L2 处理，分离出 CS 域数据、PS 域数据和 Uu 接口信令消息。

数据处理单元具有以下功能模块。

FP（Frame Protocol）：完成 Iub/Iur 接口帧处理、同步、时间调整等信令过程。

MDC（Macro Diversity Combining）：软切换时，完成同一 UE 信息在各无线链路上的宏分集/合并，可以提高传输质量。

MAC（Media Access Control）：完成数据传输过程中逻辑信道在传输信道上的映射、传输信道调度、无线资源重配置和业务量测量等功能。MAC 模块可以分为 MAC-c/sh、MAC-d、MAC-es，分别负责公共传输信道、专用传输信道和 HSUPA（High Speed Uplink Packet Access）业务的数据处理。

RLC（Radio Link Control）：完成高层 SDU（Service Data Unit）的传送，传送模式有 3 种，透明模式 TM（Transparent Mode）、非确认模式 UM（Unacknowledged Mode）和确认模式 AM（Acknowledged Mode）。确认模式 AM 可以提供滑窗机制来保证数据的无错发送。

PDCP（Paket Data Convergence Protocol）：完成对 Iu 接口分组数据的处理，执行分组数据传输、IP 数据流的头压缩和解压缩、无损 SRNS 迁移时提供的数据转发等功能。

Iu UP（Iu User Plane）：完成 Iu 接口 CN 侧非接入层数据到 RNC 侧接入层用户面数据的转换和传输，以及 Iu UP 带内控制过程等功能。

BMC（Broadcast/Multicast Control protocol）：完成小区广播消息的存储、流量检测、CBS（Cell Broadcast Service）无线资源请求、BMC 消息调度，并向 UE BMC 发送调度消息和 CBS 消息。

GTP-U（GPRS Tunnelling Protocol for User Plane）：完成用户数据包和用于通路管理、错误提示的信令消息的承载。

③ RNC 控制面和用户面资源共享。在 RNC 内部，作为控制面处理器的 SPU 子系统形成控制面资源池，作为用户面处理器的 DSP 形成用户面资源池。

一个插框内的控制面资源和用户面资源由该插框内主控 SPUa 单板的 MPU 子系统进行管理和分配。当新的呼叫到达时，如果本框负载过高，MPU 子系统向其他框转发资源申请，如果系统中任何一个框有剩余控制面资源和用户面资源时，新的呼叫都可以被处理。

（3）RNC 传输子系统。RNC 传输子系统由传输接口板组成。RNC 具有以下传输接口板。

① ATM 传输接口板：

AEUa 单板

AOUa 单板

UOIa 单板（UOIa_ATM）

② IP 传输接口板：

FG2a 单板

GOUa 单板

PEUa 单板

POUa 单板

UOIa 单板（UOIa_IP）

UOIa 单板（UOIa_ATM）表示用于 ATM 传输的 UOIa 单板；UOIa 单板（UOIa_IP）表示用于 IP 传输的 UOIa 单板。

RNC 传输子系统通过 ATM 传输接口板实现 ATM 数据处理，通过 IP 传输接口板实现 IP 数据的处理。

（4）RNC 操作维护子系统。RNC 操作维护子系统由 LMT、OMUa 单板、SCUa 单板以及其他单板上的操作维护模块组成。RNC 操作维护子系统组成结构和物理连线如图 1-16 所示。

RNC 操作维护子系统涉及 RNC 的所有单板，图 1-16 仅示意部分单板。

① LMT。LMT 是安装有华为本地维护终端软件的计算机，安装 Windows XP Professional 操作系统。可以配置一台或者多台 LMT。LMT 通过 Hub（或直接）与 RSS 插框内的 OMUa 单板连接，通过串口线和告警箱连接。

② OMUa 单板。OMUa 单板是 RNC 操作

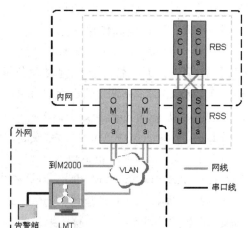

图 1-16　操作维护子系统组成结构和物理连线

维护系统的后台管理模块 BAM（Back Administration Module），通过网线和外部设备进行连接。

OMUa 单板是 RNC 前后台通信的桥梁，RNC 通过 OMUa 单板将操作维护网络分为：

* 内网：OMUa 单板与 RNC 主机进行通信的网络；
* 外网：OMUa 单板与操作维护台（LMT/M2000）等外部设备进行通信的网络，RNC 可以配置一块或两块 OMUa 单板，配置两块时，构成主备。

③ SCUa 单板。SCUa 单板是 RNC 的交换和控制单板，负责其所在的 RSS 插框或 RBS 插框的操作维护任务，可配置两块，构成主备。

SCUa 单板通过插框内的背板通道实现对框内其他单板的操作维护，RSS 插框的 SCUa 单板通过网线与 RBS 插框的 SCUa 单板连接。SCUa 单板的交换功能请参见 RNC 交换子系统组成。

RNC 操作维护网络可以划分为外网、内网、RSS 网络、RSS-RBS 网络、RBS 网络，

不同网络实现不同的功能。RNC 操作维护网络结构如图 1-17 所示。

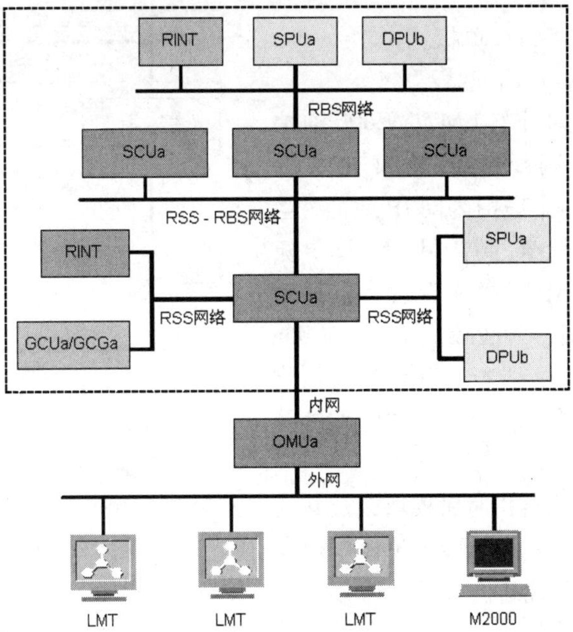

图 1-17　操作维护网络结构

图 1-17 中，RINT 为 Iu/Iur/Iub 接口板的统称，根据不同的接口和组网需求可以选用不同的接口板。

④ 外网。外网指 OMUa 单板和操作维护台（包括 LMT 或 M2000）所构成的网络，该网络提供了操作维护台接入操作维护子系统的接口。

⑤ 内网。内网指 OMUa 单板和 RSS 插框内的 SCUa 单板之间所构成的网络，该网络提供了 OMUa 单板和 RNC 主机通信的桥梁。

⑥ RSS 网络。RSS 网络是 RSS 插框内的 SCUa 单板和框内其他单板之间所组成的操作维护网络，该网络使用 RSS 插框背板作为操作维护通道。

⑦ RSS-RBS 网络。RSS-RBS 网络是 RSS 插框的 SCUa 单板和各个 RBS 插框的 SCUa 单板所组成的网络，该网络通过 RSS 插框 SCUa 单板与 RBS 插框 SCUa 单板的网线互连来构建。

通过该网络，RNC 可以将操作维护信息通过 RSS 插框的 SCUa 单板发送到各 RBS 插框的 SCUa 单板上。

⑧ RBS 网络。RBS 网络是 RBS 插框内的 SCUa 单板和框内其他单板所组成的操作维护网络，该网络使用 RBS 插框背板作为操作维护通道。

RNC 采用操作维护双平面的工作方式，可以防止由于单点故障而导致无法进行正常的操作维护工作。RNC 的操作维护子系统采用双平面可靠性设计，如图 1-18 所示。

该设计通过使用主备硬件来实现，在主用部件故障且备用部件工作正常的情况下，主备部件可以实现自动倒换，从而保证操作维护通道的正常工作，这些硬件包括：

- 主备 OMUa 单板（配置 2 块 OMUa 单板时）；
- RSS 插框主备 SCUa 单板；
- RBS 插框主备 SCUa 单板。

主备 OMUa 单板对外与 LMT/M2000 通信时，使用同一个虚拟外网 IP 地址，对内与 SCUa 单板通信时，使用同一个虚拟内网 IP 地址。当主用 OMUa 单板出现故障，而备用 OMUa 单板工作正常时，主备 OMUa 单板会发生自动倒换。备用 OMUa 单板接替故障的主用 OMUa 单板承担操作维护任务，进行内网和外网通信的 IP 地址保持不变，保证了 RNC 内网和外网之间的正常通信。

RNC 时钟同步子系统由时钟模块以及其他各单板组成，时钟模块由 GCUa/GCGa 单板实现。RNC 时钟同步子系统结构如图 1-19 所示。

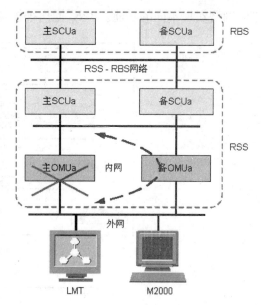

图 1-18　操作维护双平面

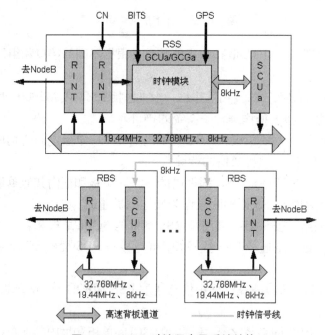

图 1-19　RNC 时钟同步子系统结构

图 1-19 中，RINT 为 Iu/Iur/Iub 接口板的统称，根据不同的接口和组网需求可以选用不同的接口板。

由于 GCUa 单板没有配置星卡，而 GCGa 单板配置了星卡，所以只有采用 GCGa 单板才可以使用图中所示的 GPS 时钟信号。

如果从 CN 提取时钟的 RINT 单板（AEUa/PEUa/POUa/AOUa/UOIa）在 RSS 插框内，则时钟信号可以直接从 RSS 插框背板的 LINE0/LINE1 通道送至 GCUa/GCGa 单板，也可以通过 RINT 面板上的 2MHz 时钟输出接口（使用时钟信号线）送到 GCUa/GCGa 单板。

如果从 CN 提取时钟的 RINT 单板在 RBS 插框内，则时钟信号只能通过 RINT 面板上的 2MHz 时钟输出接口（使用时钟信号线）送到 GCUa/GCGa 单板。

当 RNC 配置主备 GCUa/GCGa 单板和主备 SCUa 单板时，从 RSS 插框的 GCUa/GCGa 单板到 RBS 插框 SCUa 单板的时钟连线如图 1-20 所示。

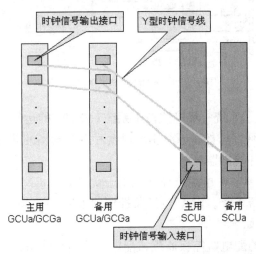

图 1-20　GCUa/GCGa 单板与 SCUa 单板时钟连线示意图

图 1-20 中，RSS 插框内的主备 GCUa/GCGa 单板采用 Y 型时钟线与 RBS 插框的主备 SCUa 单板相连。此连接方式可以保证当 GCUa/GCGa 单板、Y 型时钟信号线、SCUa 单板三者之一出现单点故障时，系统时钟仍然可以正常工作。同时，采用 Y 型信号线可以确保 GCUa/GCGa 单板发生倒换时不会影响到 SCUa 单板。

在 RSS 插框内，GCUa/GCGa 单板直接通过背板通道将时钟信号送到本框的 SCUa 单板，不需要使用 Y 型时钟信号线。

（5）RNC 供电子系统。RNC 的供电系统由-48V 直流电源系统、直流配电柜和机柜顶部直流配电盒组成。

当局点的通信容量较大，或有两个以上的交换系统时，应采用两个或多个独立的供电系统。

大型通信枢纽等局站可按不同楼层分层设置多个独立的电源系统，分别向各个独立的通信机房供电。

一般通信局站可采用一个集中供电的电力室和电池室的供电方式，也可以采用分散的供电方式，小容量的通信局站可以采用一体化的供电方式，供电方案示意图如图 1-21 所示。放置在机房的电池释放的腐蚀性气体会腐蚀通信设备线路板。

直流配电柜提供两组 1+1 备份的直流电源，连至 RNC 机柜顶端的配电盒给 RNC 设备供电。每台 RNC 机柜必配 9 条电源线（4 条-48V、4 条 RTN、1 条 PGND）和保护地线。

当 PDF 和 RNC 机柜相距较远时（如不在同一机房内），RNC 机柜保护地线需要就近接入与 PDF 共地的保护接地排，不再直接接入 PDF。

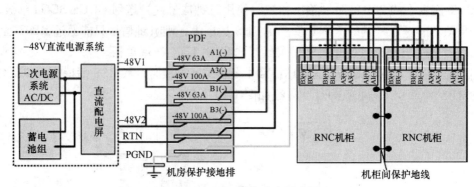

图 1-21　RNC 供电方案示意图

（6）RNC 环境监控子系统。环境监控子系统对 RNC 的运行环境进行自动监控，并实时反馈异常状况。RNC 环境监控子系统由配电盒和各个插框的环境监控部件组成，主要负责电源、风扇、门禁和环境的监控。

① RNC 电源监控。RNC 电源监控功能用于实时监控 RNC 供电系统，报告电源运行状况，并对异常情况进行告警。RNC 电源监控原理如图 1-22 所示。

RNC 电源监控过程如下：

[步骤 1] 配电盒内的配电监控板监测该配电盒的运行状态，并将监测结果通过配电信号连接板发送至配电接口板；

[步骤 2] 通过配电盒监控信号线，监控信号传送至 RNC 配电监控插框内的 SCUa 单板；

[步骤 3] SCUa 单板对监控信号进行处理，对于异常情况，则产生告警并上报给 OMUa 单板。

② RNC 风扇监控。RNC 风扇监控功能用于实时监控风扇运行状况，并根据插框温度调整风扇转速。RNC 的风扇和插框采用一体化设计，每个插框都内置有风扇盒，每个风扇盒内含 9 个风扇。风扇出风口处安装有温度传感器，可以检测插框的温度。RNC 风扇监控原理如图 1-23 所示。

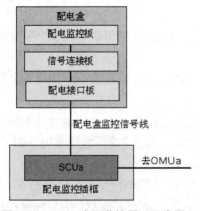

图 1-22　RNC 电源监控原理示意图

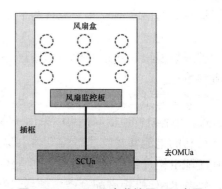

图 1-23　RNC 风扇监控原理示意图

RNC 风扇监控过程如下：

[**步骤 1**] 风扇盒内的风扇监控板实时监控风扇的运行状态，并将监控信号通过背板发送给该插框内的 SCUa 单板；

[**步骤 2**] SCUa 单板对监控信号进行处理，对于异常情况，则产生告警并上报给 OMUa 单板。

③ RNC 门禁监控。RNC 门禁监控功能是 RNC 的可选功能，当 RNC 监测到前门或后门被打开时，将产生告警并上报。RNC 门禁监控原理如图 1-24 所示。

RNC 机柜的门禁传感器安装在机柜的门楣处，通过线缆与配电盒的配电接口板连接。

RNC 门禁监控过程如下：

[**步骤 1**] 门禁传感器对机柜前门和后门进行监控，当机柜的前门或后门被打开时，会触发门禁传感器产生相应的监控信号；

[**步骤 2**] 监控信号通过线缆到达配电盒的配电接口板；

[**步骤 3**] 配电接口板对监控信号进行处理，然后将监控信号发送到 RNC 配电监控插框内的 SCUa 单板；

[**步骤 4**] SCUa 单板对监控信号进行处理，并产生门禁告警上报给 OMUa 单板。

④ RNC 环境监控。RNC 环境监控功能是 RNC 的可选功能，当 RNC 监测到机房环境异常时，将产生告警并上报。RNC 环境监控的原理如图 1-25 所示。

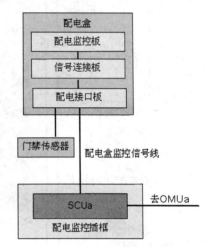

图 1-24　RNC 门禁监控原理示意图

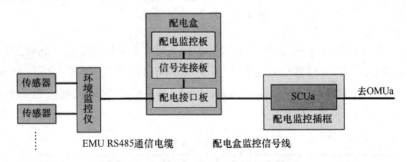

图 1-25　RNC 环境监控原理示意图

环境监控仪通过 EMU RS485 通信电缆与配电盒的配电接口板连接。

RNC 环境监控过程如下：

[**步骤 1**] 传感器对周围环境实时监控，并将监控信号送至与之相连的 EMU（Environment Monitoring Unit）；

[**步骤 2**] EMU 将监控信号送至与之相连的配电接口板；

[**步骤 3**] 配电接口板对监控信号进行处理，然后将监控信号发送到 RNC 配电监控插框内的 SCUa 单板；

[**步骤 4**] SCUa 单板对监控信号进行处理，对于异常情况，则产生告警并上报给 OMUa

单板，由 OMUa 单板转发到 LMT 和 M2000。

3．RNC（BSC6810）硬件结构

（1）RNC 硬件组成。RNC 硬件组成如图 1-26 所示。

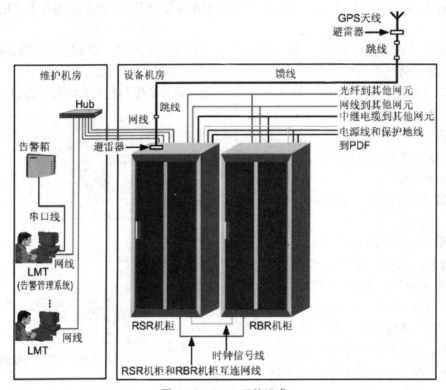

图 1-26　RNC 硬件组成

BSC6810 采用华为公司标准的 N68E-22 型和 N68E-21-N 型机柜（抗震型），设计符合 IEC60297。BSC6810 机柜根据所配置插框种类的不同可以分为 RSR（RNC Switch Rack）、RBR（RNC Business Rack）两种机柜，如表 1-8 所示。机柜中的插框按照从下向上的顺序依次放置。

表 1-8　　　　　　　　　　　　　BSC6810 机柜分类

机 柜 简 称	包含的插框	机柜配置规则
RSR	1 个 RSS 插框，0～2 个 RBS 插框	固定配置一个
RBR	1～3 个 RBS 插框	视实际业务所需容量配置，数量 0～1 个

（2）RNC 机柜配置。RNC 机柜配置如图 1-27 所示。

（3）RNC 插框。BSC6810 统一采用 IEC60297 标准中 19 英寸标准宽度插框，单框高度 12U。插框前后双面插板，内部中置背板。

插板共 28 个槽位，前后分别提供 14 个槽位，前部插槽编号 0～13，候补插槽编号 14～27。

插框的前视图和后视图如图 1-28 所示。

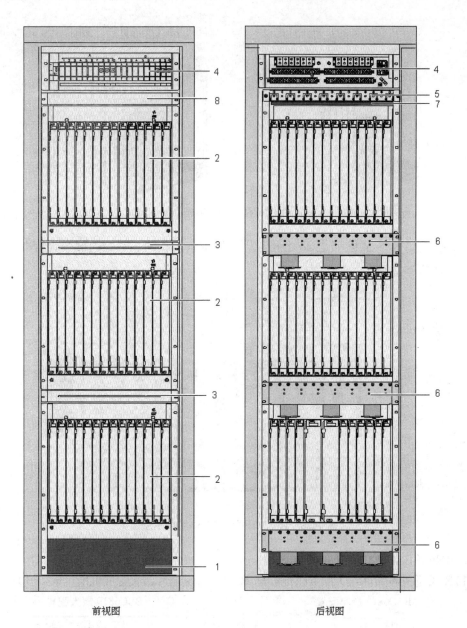

前视图　　　　　　　　　　后视图

1—进风口；2—插框；3—围风框；4—配电盒；5—机柜内走线架；
6—后走线槽；7—出风口；8—假面板

图 1-27　RNC 机柜配置

BSC6810 包括 RSS（RNC Switch Subrack）和 RBS（RNC Business Subrack）两种不同功能的插框，如表 1-9 所示。

表 1-9　　　　　　　　　　　　　　BSC6810 插框类型

插框简称	插框全称	配置数量	功　　能
RSS	交换插框	1	完成中央交换功能，为其他各插框提供业务流通路，同时提供各项业务处理、系统的综合维护管理接口和系统时钟接口
RBS	业务处理插框	0～5	完成用户面处理、信令控制功能

插框前视图 插框后视图

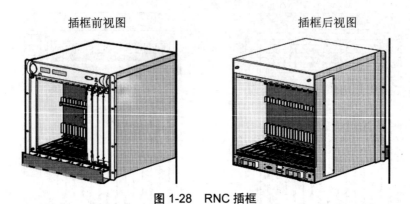

图 1-28　RNC 插框

RBS 插框和 RSS 插框都是 28 个槽位，且槽位结构相同，都是内部中置背板，前后单板对插，如图 1-29 所示。

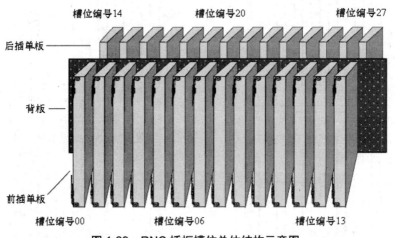

图 1-29　RNC 插框槽位总体结构示意图

4. RNC（BSC6810）的硬件配置

（1）RNC 最小配置和最大配置机柜数量。RNC 最小配置和最大配置机柜数量如图 1-30 所示。

BSC6810 最小配置　　　　　　BSC6810 最大配置

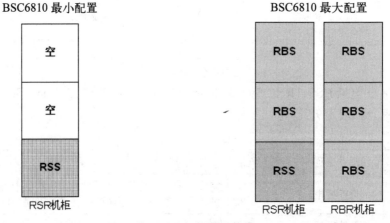

图 1-30　RNC 机柜配置数量

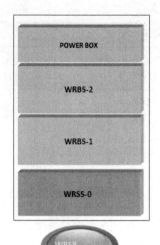
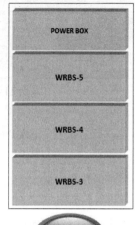

RSR	RNC Switch Rack
RBR	RNC Business Rack
WRSR	WCDMA RNC Switch Rack
WRBR	WCDMA RNC Business Rack

图 1-30 RNC 机柜配置数量（续）

（2）BSC6810 容量指标（见表 1-10）。

表 1-10 　　　　　　　　　　　BSC6810 容量指标

指 标 名 称	指 标 值
最大机柜数目	2，1WRSR+1WRBR
最大插框数目	6，1WRSS+5WRBS
最大支持话务量	51000 爱尔兰
最大支持 PS 域数据流量	3264Mbit/s（上行+下行）
最大支持 NodeB 个数	1700
最大支持小区个数	5100
BHCA	1360000

5. RNC（BSC6810）单板介绍

（1）单板功能。BSC6810 所有单板可以划分为操作维护单板、交换处理单板、时钟处理单板、信令处理单板、业务处理单板和接口处理单板，如表 1-11 所示。

表 1-11 　　　　　　　　　　　BSC6810 单板类型与功能

单 板 类 型	单 板 名 称	单 板 功 能
操作维护单板	OMUa	为 BSC6810 提供了配置管理、性能管理、故障管理、安全管理、加载管理等功能。作为 LMT（Local Maintenance Terminal）/M2000 的操作维护

27

续表

单板类型	单板名称	单板功能
操作维护单板	OMUa	代理，向 LMT/M2000 用户提供 BSC6810 操作维护接口，实现 LMT/M2000 和 BSC6810 主机之间的通信控制
交换处理单板	SCUa	提供 MAC 交换，实现 ATM/IP 二网合一 提供 60Gbit/s 的交换容量 提供 Port Trunking 功能 提供框间级联功能
时钟处理单板	GCUa	完成系统时钟的获取、锁相和保持功能，产生系统所需的时钟信号
	GCGa	GCGa 单板可以完成 GCUa 单板的所有功能，此外还增加了 GPS 信号的接收和处理功能
信令处理单板	SPUa	处理 Uu/Iu/Iur/Iub 接口的高层信令 处理传输层信令 建立信令和业务连接
业务处理单板	DPUb	实现系统内部语音业务和数据业务处理
接口处理单板	AEUa	提供 32 路 E1/T1 提供 ATM over E1/T1 提供 32 个 IMA 组或 32 个 UNI，每个 IMA 组最多包含 32 个 IMA 链路 提供 Fractional ATM 和 Fractional IMA 功能 提供时隙交叉功能 提供 AAL2 交换功能
	PEUa	提供 32 路 E1/T1 提供 IP over PPP/MLPPP over E1/T1 提供 128 条 PPP 链路或 32 个 MLPPP 组，每个 MLPPP 组最多可以包含 8 条 MLPPP 链路 提供时隙交叉功能 可捕获上级设备的时钟信号，并输出到时钟单板
	AOUa	提供 2 路 STM-1/OC-3 光接口 提供 126 路 E1 或 168 路 T1 提供 IMA 和 UNI 功能 提供 84 个 IMA 组，每个 IMA 组可以包含 32 路 E1/T1 提供 AAL2 交换功能 可捕获上级设备的时钟信号，并输出到时钟单板
	UOIa	提供 4 路 STM-1/OC-3c 光接口 提供 ATM over SDH 或 IP over SDH 可捕获上级设备的时钟信号，并输出到时钟单板

续表

单 板 类 型	单板名称	单 板 功 能
接口处理单板	POUa	提供 2 路 STM-1/OC-3 光接口 提供 126 路 E1 或 168 路 T1 可捕获上级设备的时钟信号，并输出到时钟单板
	FG2a	提供 8 路 FE 端口或 2 路 GE 电接口 提供 IP over FE 或 IP over GE
	GOUa	提供 2 路 GE 光接口 提供 IP over GE

（2）RSS 插框单板类型。RSS 插框支持配置的单板类型如表 1-12 所示。

表 1-12　　　　　　　　　　　RSS 插框单板类型

① OMUa 单板	② SCUa 单板	③ SPUa 单板	④ GCUa 单板
⑤ GCGa 单板	⑥ DPUb 单板	⑦ AEUa 单板	⑧ AOUa 单板
⑨ UOIa 单板	⑩ PEUa 单板	⑪ POUa 单板	⑫ FG2a 单板
⑬ GOUa 单板			

（3）RSS 插框单板槽位。RSS 插框单板槽位如图 1-31 所示。

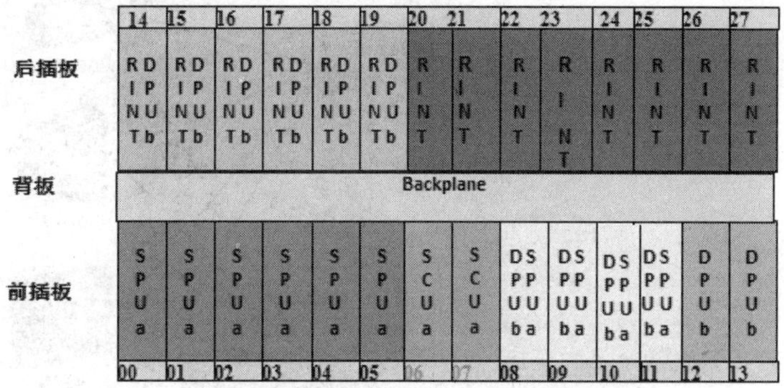

图 1-31　RSS 插框单板槽位

（4）RBS 插框单板类型。RBS 插框支持配置的单板类型如表 1-13 所示。

表 1-13　　　　　　　　　　　RBS 插框单板类型

① SCUa 单板	② SPUa 单板	③ DPUb 单板	④ AEUa 单板
⑤ AOUa 单板	⑥ UOIa 单板	⑦ PEUa 单板	⑧ POUa 单板
⑨ FG2a 单板	⑩ GOUa 单板		

（5）RBS 插框单板槽位。RBS 插框单板槽位如图 1-32 所示。

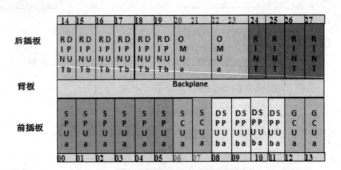

图 1-32　RBS 插框单板槽位

（四）华为 NodeB 系统简介

基于实训系统的实际设备情况，现以华为 NodeB 设备 DBS3900 为例进行阐述和说明。

1．NodeB 在 WCDMA 移动通信网络中的位置

华为公司 DBS3900 双模基站属于华为公司开发的第四代基站。DBS3900 采用多制式统一模块设计，可支持 GSM 制式、GSM+UMTS 双模和 UMTS 制式 3 种工作模式，并支持向 LTE（Long Term Evolution）的平滑演进。NodeB 在网络中的位置如图 1-33 所示。

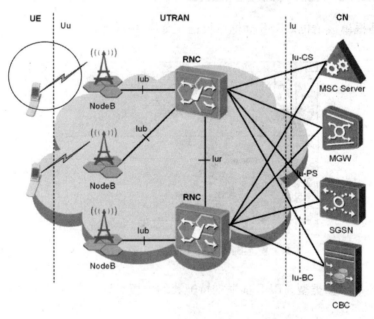

图 1-33　NodeB 在网络中的位置

2．NodeB（DBS3900）系统结构

DBS3900 基站系统由两种基本模块组成：BBU3900（基带处理模块）和 RRU3908（室外型拉远射频模块）。基站系统的结构如图 1-34 所示。

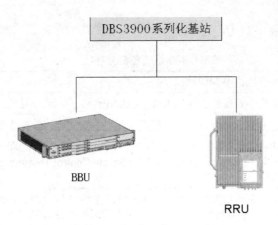

图 1-34　基站系统结构图

DBS3900 基站系统各模块功能及描述，如表 1-14 所示。

表 1-14　　　　　　　　　DBS3900 基站系统各模块功能及描述

功能模块	说　明
BBU3900	BBU3900 是基带处理单元，提供 DBS3900 系列化基站与 RNC 之间信息交互的接口单元
RRU3908	RRU 是室外射频远端处理模块，负责传送和处理 BBU3900 和天馈系统之间的射频信号

3. BBU 系统原理

BBU3900 是基带控制单元，其主要功能包括：

（1）实现基站与 RNC 之间的信号交互；

（2）提供系统时钟；

（3）集中管理整个基站系统，包括操作维护和信令处理；

（4）提供与 LMT（或 M2000）连接的维护通道。

BBU3900 采用模块化设计，根据各模块实现的功能不同，可以划分为：控制子系统、基带子系统、传输子系统、电源模块。BBU3900 原理图如图 1-35 所示。

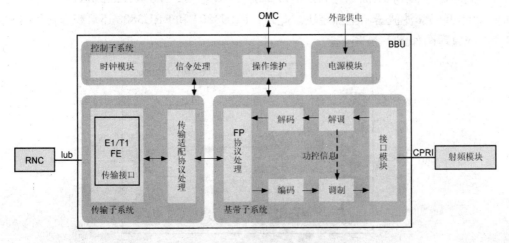

图 1-35　BBU3900 原理图

各个部分的功能如表 1-15 所示。

表 1-15 BBU3900 系统各部分功能

控制子系统	控制子系统功能由 WMPT 板实现
	控制子系统集中管理整个基站系统，包括操作维护和信令处理，并提供系统时钟
	操作维护功能包括：设备管理、配置管理、告警管理、软件管理、调测管理等
	信令处理功能包括：NBAP（NodeB Application Part）信令处理、ALCAP（Access Link Control Application Part）处理、SCTP（Stream Control Transmission Protocol）处理、逻辑资源管理等
	时钟模块功能包括：为基站提供系统时钟。支持与 Iub 接口时钟、GPS 时钟、BITS 时钟、IP 时钟等外部时钟进行同步，确保系统时钟的精度满足要求
基带子系统	基带子系统功能由 WBBP 板实现
	基带子系统完成上下行数据基带处理功能，主要由上行处理模块和下行处理模块组成
	上行处理模块：包括解调和解码模块。上行处理模块对上行基带数据进行接入信道搜索解调和专用信道解调，得到解扩解调的软判决符号，经过解码处理、FP（Frame Protocol）处理后，通过传输子系统发往 RNC
	下行处理模块：包括编码和调制模块。下行处理模块接收来自传输子系统的业务数据，发送至 FP 处理模块，完成 FP 处理，然后编码，再完成传输信道映射、物理信道生成、组帧、扩频调制、功控合路等功能，最后将处理后的信号送至接口模块
	BBU3900 将 CPRI 接口模块集成到基带子系统中，用于连接 BBU3900 和射频模块
传输子系统	传输子系统功能由 WMPT 板和 UTRP 板实现
	提供与 RNC 的物理接口，完成 NodeB 与 RNC 之间的信息交互
	为 BBU3900 的操作维护提供与 OMC（LMT 或 M2000）连接的维护通道
电源模块	电源模块将-48V DC/＋24V DC 转换为单板需要的电源，并提供外部监控接口

4. RRU 系统原理

RRU 为室外型射频拉远单元，是分布式基站的射频部分，可靠近天线安装。

BBU3900 可与不同 RRU 分别组成 DBS3900 系统。现场配置的 RRU 为 RRU3804。RRU 各模块根据实现的功能不同划分为：接口模块、TRX、PA（Power Amplifier）、LNA（Low Noise Amplifier）、滤波器、电源模块。此外，RRU3804 和 RRU3808 还可配套使用 RXU。RRU 系统原理图如图 1-36 所示。

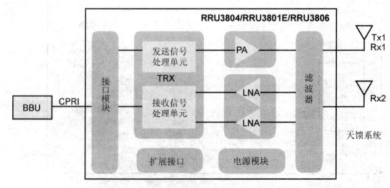

图 1-36 RRU 系统原理

RRU 各模块根据实现的功能不同划分如表 1-16 所示。

表 1-16　　　　　　　　　　　　RRU 系统各部分功能

接口模块	接收 BBU 送来的下行基带数据 向 BBU 发送上行基带数据 转发级联 RRU 的数据
TRX	RRU3804/RRU3801E/RRU3806 中的 TRX 包括两路射频接收通道和一路射频发射通道 RRU3805/RRU3808/RRU3908 中的 TRX 包括两路射频接收通道和两路射频发射通道 接收通道完成的功能： ① 将接收信号下变频至中频信号 ② 将中频信号进行放大处理 ③ 模数转换 ④ 数字下变频 ⑤ 匹配滤波 ⑥ 数字自动增益控制 DAGC 发射通道完成的功能： ① 下行扩频信号的成形滤波 ② 数模转换 ③ 将中频信号上变频至发射频段
PA	PA 采用 DPD 和 A-Doherty 技术，对来自 TRX 的小功率射频信号进行放大
滤波器	RRU3804/RRU3801E/RRU3806 中的滤波器由一个双工收发滤波器和一个接收滤波器组成 RRU3805/RRU3808/RRU3908 中的滤波器由两个双工收发滤波器组成 滤波器的主要功能如下： ① 双工收发滤波器提供一路射频通道接收信号和一路发射信号复用功能，使接收信号与发射信号共用一个天线通道，并对接收信号和发射信号提供滤波功能 ② 接收滤波器对一路接收信号提供滤波功能
LNA	低噪声放大器 LNA 将来自天线的接收信号进行放大
电源模块	电源模块为 RRU 各组成模块提供电源输入

5. BBU 硬件结构

（1）BBU3900 外观。BBU3900 采用盒式结构，可安装在 19 英寸宽、2U 高的狭小空间里，如室内墙壁、楼梯间、储物间或现网室外机柜中。BBU3900 机械尺寸为：442mm（宽）×310mm（深）×86mm（高）。BBU3900 外观如图 1-37 所示。

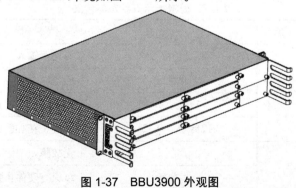

图 1-37　BBU3900 外观图

（2）BBU3900 槽位介绍。BBU3900 槽位如图 1-38 所示。

Slot 16	Slot 0	Slot 4	Slot 18
	Slot 1	Slot 5	
	Slot 2	Slot 6	Slot 19
	Slot 3	Slot 7	

图 1-38　BBU3900 槽位

（3）BBU3900 单板简介。

① WMPT。WMPT（WCDMA Main Processing&Transmission Unit）是 BBU3900 的主控传输板，为其他单板提供信令处理和资源管理功能。

● 面板

WMPT 面板如图 1-39 所示。

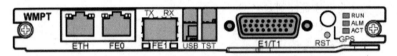

图 1-39　WMPT 面板

● 功能

WMPT 的主要功能包括：

a．完成配置管理、设备管理、性能监视、信令处理、主备切换等 OM 功能，并提供与 OMC（LMT 或 M2000）连接的维护通道；

b．为整个系统提供所需要的基准时钟；

c．为 BBU3900 内其他单板提供信令处理和资源管理功能；

d．提供 USB 接口。安装软件和配置数据时，插入 USB 设备，自动为 NodeB 软件升级。

e．提供 1 个 4 路 E1/T1 接口；

f．提供 1 路 FE 电接口、1 路 FE 光接口；

g．支持冷备份功能。

● 指示灯

WMPT 面板指示灯的含义如表 1-17 所示。

表 1-17　　　　　　　　　　WMPT 面板指示灯状态与含义

面板标识	颜色	状态	含义
RUN	绿色	常亮	有电源输入，单板存在问题
		常灭	无电源输入
		1s 亮，1s 灭	单板已按配置正常运行
		0.125s 亮，0.125s 灭	单板正在加载或者单板未开始工作
ALM	红色	常灭	无故障
		常亮	单板有硬件告警

面板标识	颜色	状态	含义
ACT	绿色	常亮	主用状态
		常灭	备用状态

除了以上 3 个指示灯外，还有 6 个指示灯，用于表示 FE 光口、FE 电口、调试串网口的连接状态。这 6 个指示灯在 WMPT 上没有丝印显示，它们位于每个接口的两侧，如图 1-40 所示。

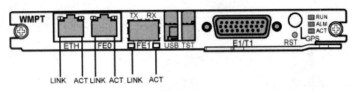

图 1-40　WMPT 面板指示灯

接口指示灯含义如表 1-18 所示。

表 1-18　　　　　　　　　　WMPT 接口指示灯状态与含义

指示灯	颜色	状态	含义
FE1 光口	绿色（LINK）	常亮	连接成功
		常灭	没有连接
	绿色（ACK）	闪烁	有数据收发
		常灭	没有数据收发
FE0 电口	绿色（LINK）	常亮	连接成功
		常灭	没有连接
	黄色（ACK）	闪烁	有数据收发
		常灭	没有数据收发

- 接口

WMPT 面板接口含义如表 1-19 所示。

表 1-19　　　　　　　　　　WMPT 面板接口

面板标识	连接器类型	说明
E1/T1	DB26 连接器	E1
FE0	RJ45 连接器	FE 电口
FE1	SFP 连接器	FE 光口
GPS	SMA 连接器	预留
ETH	RJ45 连接器	调试串网口
USB	USB 连接器	USB 加载口

续表

面 板 标 识	连接器类型	说　　明
TST	USB 连接器	USB 调试口
RST	—	硬件复位按钮

- 拨码开关

WMPT 共有 2 个拨码开关，SW1 用于设置 E1/T1 的工作模式，SW2 用于设置各模式下 4 路 E1/T1 接收信号线接地情况，WMPT 拨码开关如图 1-41 所示。

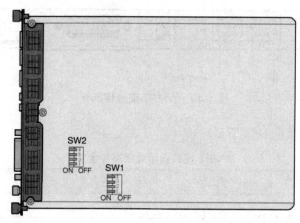

图 1-41　WMPT 的拨码开关

WMPT 的拨码开关设置如表 1-20、表 1-21 所示。

表 1-20　　　　　　　　　　WMPT 单板拨码开关 SW1

拨 码 开 关	拨 码 状 态				说　　明
	1	2	3	4	
SW1	ON	ON	OFF	OFF	T1 模式
	OFF	OFF	ON	ON	E1 阻抗选择 120Ω
	ON	ON	ON	ON	E1 阻抗选择 75Ω
	其他				不可用

表 1-21　　　　　　　　　　WMPT 单板拨码开关 SW2

拨 码 开 关	拨 码 状 态				说　　明
	1	2	3	4	
SW2	OFF	OFF	OFF	OFF	平衡模式
	ON	ON	ON	ON	非平衡模式
	其他				不可用

② WBBP。WBBP（WCDMA BaseBand Process Unit）单板是 BBU3900 的基带处理板，

主要实现基带信号处理功能。

- 面板

WBBP 面板有 3 种外观，如图 1-42 所示。

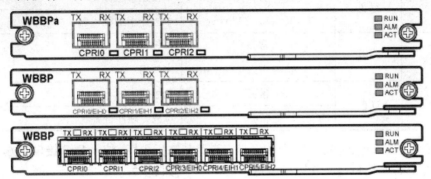

图 1-42 WBBP 面板外观图

- 功能

WBBP 单板的主要功能包括：

a．提供与射频模块通信的 CPRI 接口，支持 CPRI 接口的 1+1 备份；

b．处理上/下行基带信号；

c．WBBPd 支持板内干扰对消；

d．WBBPd 安装在 Slot2 或 Slot3 槽位时，支持上行数据的 IC 对消。

WBBP 单板规格如表 1-22 所示。

表 1-22　　　　　　　　　　　　WBBP 单板规格

单 板 名 称	小 区 数	上行 CE 数	下行 CE 数
WBBPa	3	128	256
WBBPb1	3	64	64
WBBPb2	3	128	128
WBBPb3	6	256	256
WBBPb4	6	384	384
WBBPd1	6	192	192
WBBPd2	6	384	384
WBBPd3	6	256	256

- 指示灯

WBBP 单板提供 3 个面板指示灯，指示灯含义如表 1-23 所示。

表 1-23　　　　　　　　　　　　WBBP 单板指示灯

面 板 标 识	颜　色	状　态	含　义
RUN	绿色	常亮	有电源输入，单板存在故障
		常灭	无电源输入或单板处于故障状态

续表

面板标识	颜 色	状 态	含 义
RUN	绿色	1s 亮，1s 灭	单板正常运行
		0.125s 亮，0.125s 灭	单板处于加载状态
ACT	绿色	常亮	单板工作
		常灭	未使用
ALM	红色	常灭	无故障
		常亮	单板有硬件告警

WBBPa、WBBPb 单板提供 3 个 SFP 接口链路状态指示灯，位于 SFP 接口下方；WBBPd 单板提供 6 个 SFP 接口链路状态指示灯，位于 SFP 接口上方。

指示灯状态含义如表 1-24 所示。

表 1-24　　　　　　　　　　　　SFP 接口链路状态指示灯

面板标识	颜色	状 态	含 义
TX RX	红绿双色	常灭	光模块端口未配置或者光模块电源下电
		绿灯常亮	CPRI 链路正常，射频模块无硬件故障
		红灯常亮	光模块不在位或 CPRI 链路故障
		红灯快闪（0.125s 亮，0.125s 灭）	CPRI 链路上的射频模块硬件故障，需要更换
		红灯慢闪（1s 亮，1s 灭）	CPRI 链路上的射频模块存在驻波告警、天馈告警、射频模块外部告警故障

● 接口

WBBPa、WBBPb 面板有 3 个 CPRI 接口，其含义如表 1-25 所示。

表 1-25　　　　　　　　　　　　WBBPa、WBBPb 面板接口说明

面 板 标 识	连接器类型	说 明
CPRIx	SFP 母型连接器	BBU 与射频模块互连的数据传输接口，支持光、电传输信号的输入、输出

WBBPd 面板有 6 个 CPRI 接口，其含义如表 1-26 所示。

表 1-26　　　　　　　　　　　　WBBPd 面板接口说明

面 板 标 识	连接器类型	说 明
CPRI0、CPRI1、CPRI2、CPRI3/EIH0、CPRI4/EIH1、CPRI5/EIH2	SFP 母型连接器	BBU 与射频模块互连的数据传输接口，支持光、电传输信号的输入、输出

③ FAN。FAN 是 BBU3900 的风扇模块，主要用于风扇的转速控制及风扇板的温度检测，并为 BBU 提供散热功能。FAN 面板如图 1-43 所示。

● 功能

FAN 模块的主要功能包括：

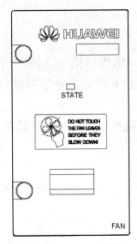

图 1-43　FAN 面板

a．控制风扇转速；

b．向主控板上报风扇状态；

c．检测进风口温度；

d．提供散热功能。

- 指示灯

FAN 面板只有 1 个指示灯，用于指示 FAN 的工作状态。指示灯含义如表 1-27 所示。

表 1-27　　　　　　　　　　　　　　　　FAN 面板指示灯

面板标识	颜　色	状　态	含　义
STATE	绿色	0.125s 亮，0.125s 灭	模块尚未注册，无告警
		1s 亮，1s 灭	模块正常运行
	红色	常灭	模块无告警
		1s 亮，1s 灭	模块有告警

④ UPEU。UPEU（Universal Power and Environment Interface Unit）是 BBU3900 的电源模块，用于将 -48V DC 或 +24V DC 输入电源转换为 +12V DC。

- 面板

UPEU 有两种类型，分别为 UPEUa（Universal Power and Environment Interface Unit Type A）和 UPEUb（Universal Power and Environment Interface Unit Type B），UPEUa 是将 -48V DC 输入电源转换为 +12V 直流电源；UPEUb 是将 +24V DC 输入电源转换为 +12V 直流电源，面板外观如图 1-44 所示。

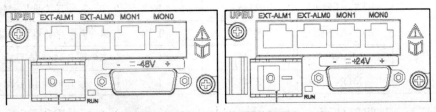

图 1-44　UPEU 面板外观图

- 功能

UPEU 的主要功能包括：

a. 将-48V DC 或+24V DC 输入电源转换为支持的+12V 工作电源；

b. 提供 2 路 RS485 信号接口和 8 路开关量信号接口；

c. 具有防反接功能；

d. 如果配置两个 UPEU，需要两路电源输入。配置在 Slot19 的 UPEU 工作在主用状态，配置在 Slot18 的 UPEU 工作在备用状态。

- 指示灯

UPEU 面板有 1 个指示灯，用于指示 UPEU 的工作状态。指示灯含义如表 1-28 所示。

表 1-28　　　　　　　　　　　　　　UPEU 面板指示灯

面 板 标 识	颜　　色	状　　态	含　　义
RUN	绿色	常亮	正常工作
		常灭	无电源输入，或故障

- 接口

UPEU 可提供 2 路 RS485 信号接口和 8 路开关量信号接口，UPEU 配置在不同的槽位，其信号含义不同。

⑤ UEIU。UEIU（Universal Environment Interface Unit）是 BBU3900 的环境接口板，主要用于将环境监控设备信息和告警信息传输给主控板。

- 面板

UEIU 面板如图 1-45 所示。

- 功能

UEIU 的主要功能包括：

a. 提供 2 路 RS485 信号接口；

b. 提供 8 路开关量信号接口；

c. 将环境监控设备信息和告警信息传输给主控板。

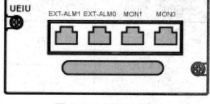

图 1-45　UEIU 面板

- 接口

UEIU 配置在 PWR1 槽位，可提供 2 路 RS485 信号接口和 8 路开关量信号接口。UEIU 面板接口含义如表 1-29 所示。

表 1-29　　　　　　　　　　　　　　UEIU 面板接口

配 置 槽 位	面 板 标 识	连接器类型	接 口 数 量	说　　明
Slot18	EXT-ALM0	RJ45	1	0～3 号开关量信号输入端口
	EXT-ALM1	RJ45	1	4～7 号开关量信号输入端口
	MON0	RJ45	1	0 号 RS485 信号输入端口
	MON1	RJ45	1	1 号 RS485 信号输入端口

⑥ UTRP。UTRP（Universal Transmission Processing unit）单板是 BBU3900 的传输扩

展板，可提供 8 路 E1/T1 接口、1 路非通道化 STM-1/OC-3 接口、4 路 FE/GE 电接口和 2 路 FE/GE 光接口。UTRP 单板规格如表 1-30 所示。

表 1-30　　　　　　　　　　　　　UTRP 单板规格

单 板 名 称	扣板/单板类型	接　　口
UTRP2	UEOC	通用 2 路 FE/GE 光接口
UTRP3	UAEC	8 路 ATM over E1/T1 接口
UTRP4	UIEC	8 路 IP over E1/T1 接口
UTRP6	UUAS	1 路非通道化 STM-1/OC-3 接口
UTRP9	UQEC	通用 4 路 FE/GE 电接口

● 面板

UTRP2 单板面板如图 1-46 所示。

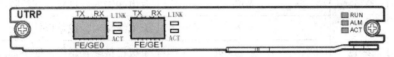

图 1-46　UTRP2 面板外观图（支持 2 路光口）

UTRP3、UTRP4 单板面板如图 1-47 所示。

图 1-47　UTRP3、UTRP4 面板外观图（支持 8 路 E1/T1）

UTRP6 单板面板如图 1-48 所示。

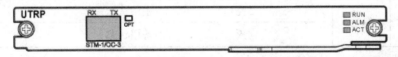

图 1-48　UTRP6 面板外观图（支持 1 路 STM-1）

UTRP9 单板面板如图 1-49 所示。

图 1-49　UTRP9 面板外观图（支持 4 路电口）

● 功能

UTRP 单板的主要功能包括：

a．UTRP2 单板提供 2 个 100M/1 000M 速率的以太网光接口，完成以太网 MAC 层功能，实现以太网链路数据的接收、发送和 MAC 地址解析等；

b. UTRP3 单板提供 8 路 E1/T1 接口，实现在 8 路 E1/T1 物理链路上对单一 ATM 信元流实现反向复用和解复用功能；

c. UTRP4 单板提供 8 路 E1/T1 接口，实现 HDLC 帧的解帧与组帧处理，完成 256 个 HDLC 时隙通道的分配和控制；

d. UTRP6 单板支持 1 路非通道化 STM-1/OC-3 接口；

e. UTRP9 单板提供 4 个 10M/100M/1 000M 速率以太网电接口，完成以太网的 MAC 层和 PHY 层功能；

f. 支持冷备份功能。

- 指示灯

UTRP 面板指示灯含义如表 1-31 所示。

表 1-31　　　　　　　　　　　　UTRP 面板指示灯含义

面板标识	颜色	状　态	含　义
RUN	绿色	常亮	有电源输入，单板存在故障
		常灭	无电源输入，或单板处于故障状态
		1s 亮，1s 灭	单板已按配置运行，处于正常工作状态
		0.125s 亮，0.125s 灭	单板未被配置或处于加载状态
		2s 亮，2s 灭	单板处于脱机运行状态或测试状态
ALM	红色	常亮（包含高频闪烁）	告警状态，表示运行中存在故障
		常灭	无故障
		2s 亮，2s 灭	次要告警
		1s 亮，1s 灭	主要告警
		0.125s 亮，0.125s 灭	紧急告警
ACT	绿色	常亮	主用状态
		常灭	备用状态

UTRP2、UTRP9 单板每个网口对外提供两个指示灯显示当前链路的状态，网口指示灯含义如表 1-32 所示。

表 1-32　　　　　　　　　　　　UTRP2、UTRP9 网口指示灯

面板标识	颜　色	状　态	含　义
LINK	绿色	常灭	链路没有连接
		常亮	链路连接正常
ACT	橙色	闪烁	链路有数据收发
		常灭	链路没有数据收发

- 接口

UTRP2 单板接口如表 1-33 所示。

表 1-33　　　　　　　　　　　　　　UTRP2 面板接口

面 板 标 识	接 口 类 型	数　量	连接器类型
FE/GE0～FE/GE1	FE/GE 光口	2	SFP 连接器

UTRP3、UTRP4 单板接口如表 1-34 所示。

表 1-34　　　　　　　　　　　　　UTRP3、UTRP4 面板接口

面 板 标 识	接 口 类 型	数　量	连接器类型
E1/T1	E1/T1	2	DB26 连接器

UTRP6 单板接口如表 1-35 所示。

表 1-35　　　　　　　　　　　　　　UTRP6 面板接口

面 板 标 识	接 口 类 型	数　量	连接器类型
STM-1/OC-3	STM-1/OC-3	1	SFP 连接器

UTRP9 单板接口如表 1-36 所示。

表 1-36　　　　　　　　　　　　　　UTRP9 面板接口

面 板 标 识	接 口 类 型	数　量	连接器类型
FE/GE0～FE/GE3	FE/GE 电口	4	RJ45 连接器

- 拨码开关

UTRP2、UTRP6、UTRP9 无拨码开关。UTRP3、UTRP4 有 3 个拨码开关，SW1 和 SW2 用于设置 E1 接收端是否接地，SW3 用于选择 E1 信号线阻抗模式。拨码开关如图 1-50 所示。

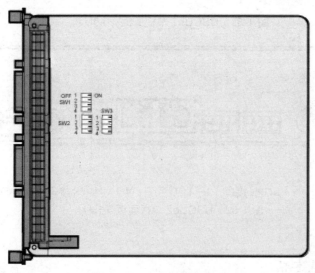

图 1-50　UTRP 面板拨码开关

UTRP 单板拨码开关设置方法如表 1-37 所示。

表 1-37　　　　　　　　　　　　UTRP 单板拨码开关 SW1

拨 码 开 关	拨 码 状 态				说　　明
	1	2	3	4	
SW1	OFF	OFF	OFF	OFF	平衡模式
	ON	ON	ON	ON	非平衡模式
	其他				不可用
SW2	OFF	OFF	OFF	OFF	平衡模式
	ON	ON	ON	ON	非平衡模式
	其他				不可用
SW3	OFF	OFF	OFF	ON	T1 模式
	ON	ON	OFF	OFF	E1 阻抗选择 120Ω
	ON	ON	ON	ON	E1 阻抗选择 75Ω
	其他				不可用

⑦ USCU。USCU(Universal Satellite card and Clock Unit)为通用星卡时钟单元。

● 面板

USCU 单板有 USCUb1 和 USCUb2 两种外观，分别如图 1-51 和图 1-52 所示。

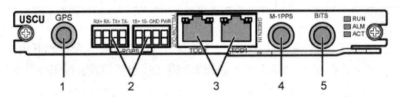

图 1-51　USCUb1 单板面板（0.5U）

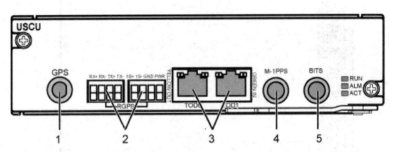

1—GPS 接口；2—RGPS 接口；3—TOD 接口；4—M-1PPS 接口；5—BITS 接口

图 1-52　USCUb2 单板面板（1U）

● 功能

USCU 的主要功能包括：

a．提供与外界 RGPS(如局方利旧设备)、Metro1000 设备、BITS 设备和 TOD 输入的接口；

b．USCUb1 单板带 GPS 星卡，支持 GPS，实现时间同步或从传输获取准确时钟；

c．USCUb2 单板带双星卡，支持 GPS 和 GLONASS。

- 指示灯

USCU 单板的指示灯说明如表 1-38 和表 1-39 所示。

表 1-38　　　　　　　　　　　　　USCU 单板指示灯说明

指示灯	颜色	状　态	说　　明
RUN	绿色	常亮	有电源输入，单板存在故障
		常灭	无电源输入或单板故障
		慢闪（1s 亮，1s 灭）	单板正常运行
		快闪（0.125s 亮，0.125s 灭）	单板处于加载状态，或者单板没有被配置
ALM	红色	常灭	运行正常，无告警
		常亮	有告警，需要更换单板
		慢闪（1s 亮，1s 灭）	有告警，不能确定是否需要更换单板，可能是相关单板或接口等故障引起的告警
ACT	绿色	常亮	USCU 与主控板通信的串口打开
		常灭	USCU 与主控板通信的串口关闭

表 1-39　　　　　　　　　　　　　　　TOD 接口指示灯

颜　色	含　义	默　认　配　置
绿色	常亮：TOD 接口配置为输入	TOD0 绿灯灭，黄灯亮
黄色	常灭：TOD 接口配置为输出	TOD1 黄灯灭，绿灯亮

- 接口

USCU 单板的接口说明如表 1-40 所示。

表 1-40　　　　　　　　　　　　　USCU 单板的接口说明

接　　口	连接器类型	说　　明
GPS 接口	SMA 同轴连接器	接收 GPS 信号
RGPS 接口	PCB 焊接型接线端子	接收 RGPS 信号
TOD0 接口	RJ45 连接器	接收或发送 1PPS+TOD 信号
TOD1 接口	RJ45 连接器	接收或发送 1PPS+TOD 信号，接收 M1000 的 TOD 信号
BITS 接口	SMA 同轴连接器	接 BITS 时钟，支持 2.048M 和 10M 时钟参考源自适应输入
M-1PPS 接口	SMA 同轴连接器	接收 M1000 的 1PPS 信号

6．RRU 硬件结构

（1）RRU 模块外形。RRU3908 模块采用模块化结构，对外接口分布在模块底部和配线腔中。RRU 包括 DC RRU 和 AC RRU 两种。DC RRU 模块外形如图 1-53 所示。左边为带外壳的模块，右边为不带外壳的模块。

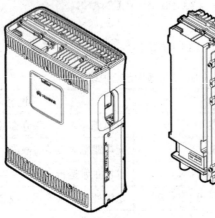

图 1-53　DC RRU 模块外形图

AC RRU 模块外形如图 1-54 所示。左边为带外壳的模块，右边为不带外壳的模块。

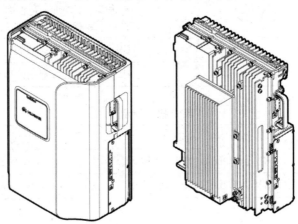

图 1-54　AC RRU 模块外形图

（2）RRU 规格。RRU 按照功率和处理能力的不同，分为 RRU3804、RRU3801E、RRU3801C、RRU3808、RRU3806、RRU3908 V2，其中 RRU3808、RRU3908 V2 具备两个接收通道和两个发射通道。 不同类型 RRU 的规格如表 1-41 所示。

表 1-41　　　　　　　　　　　　　　　　RRU 类型/规格

类　　型	最大输出功率	支持载波数
RRU3804	60W	4 载波
RRU3801E	60W	2 载波
RRU3801C	40W	2 载波
RRU3808	2×40W	4 载波
RRU3806	80W	4 载波
RRU3908	2×40W	4 载波

（3）RRU 物理接口。RRU 对外接口分布在模块底部和配线腔中。RRU 的物理接口包括：电源接口、传输接口、告警接口等。其物理接口如表 1-42 所示。

表 1-42 RRU3908 物理接口

接　口	连接器类型	数　量	说　明
电源接口	压接型连接器	1	−48V 直流电源接口
光接口	eSFP 插座	2	传输接口
电调天线通信接口	DB9 连接器	1	其他接口
主集发送/接收接口	DIN 型母型防水连接器	1	射频接口
射频互连接口	2W2 连接器	1	射频接口
告警接口	DB15 连接器	1	提供干结点告警

（4）RRU 模块面板。RRU 模块面板分为底部面板、配线腔面板和指示灯区域。

- DC RRU 模块各面板位置如图 1-55 所示。

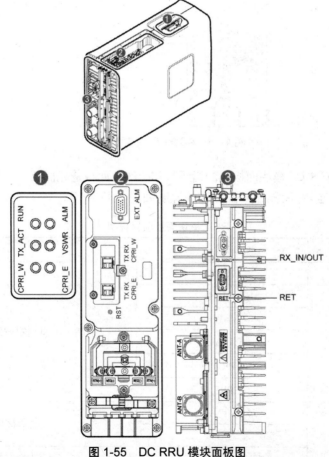

图 1-55 DC RRU 模块面板图

- AC RRU 模块各面板位置如图 1-56 所示。

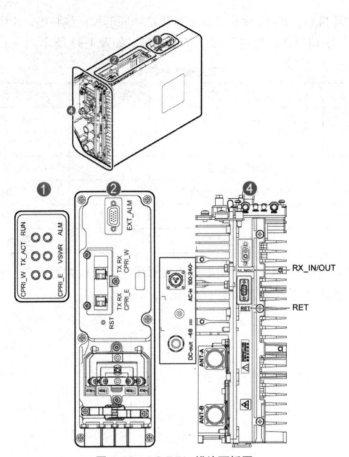

图 1-56 AC RRU 模块面板图

DC RRU 和 AC RRU 模块面板上的指示灯和配线腔面板是相同的，只是底部面板不同。RRU 的指示灯、配线腔面板和底部面板的说明如表 1-43 所示。

表 1-43   RRU 模块面板项目说明

项　目	面板标识	说　明
指示灯	RUN	参见 RRU 模块指示灯列表
	ALM	
	VSWR	
	TX_ACT	
	CPRI_W	
	CPRI_E	
配线腔面板	RTN+	电源接口
	NEG-	
	TX RX CPRI_E	东向光/电接口
	TX RX CPRI_W	西向光/电接口

续表

项 目	面板标识	说 明
配线腔面板	EXT_ALM	告警接口
	RST	硬件复位按钮
DC RRU 底部面板	RX_IN/OUT	射频互连接口
	RET	电调天线通信接口
	ANT-A	发送/接收射频接口 A
	ANT-B	发送/接收射频接口 B
AC RRU 底部面板	RX_IN/OUT	射频互连接口
	RET	电调天线通信接口
	ANT-A	发送/接收射频接口 A
	ANT-B	发送/接收射频接口 B
	AC-in	交流电源输入接口
	DC-out	直流电源输出接口

(5) RRU 模块指示灯。RRU 模块有 6 个指示灯,用于指示 RRU 模块的运行状态。RRU 模块指示灯在面板上的位置请参见表 1-43 RRU 模块面板说明。RRU 模块指示灯含义如表 1-44 所示。

表 1-44 RRU 模块指示灯

指示灯	颜色	状态	含义
RUN	绿色	常亮	有电源输入,单板故障
		常灭	无电源输入,或单板故障
		慢闪(1s 亮,1s 灭)	单板正常运行
		快闪(0.125s 亮、0.125s 灭)	单板正在加载软件,或者单板未开工
ALM	红色	常亮	告警状态,需要更换模块
		慢闪(1s 亮,1s 灭)	告警状态,不能确定是否需要更换模块,可能是相关单板或接口等故障引起的告警
		常灭	无告警
ACT	绿色	常亮	工作正常(发射通道打开)
		慢闪(1s 亮,1s 灭)	单板运行(发射通道关闭)
VSWR	红色	常灭	无 VSWR 告警
		慢闪(1s 亮,1s 灭)	"ANT-B"端口有 VSWR 告警
		常亮	"ANT-A"端口有 VSWR 告警
		快闪(0.125s 亮,0.125s 灭)	"ANT-A"和"ANT-B"端口有 VSWR 告警

续表

指 示 灯	颜 色	状 态	含 义
CPRI_W	红绿双色	绿灯亮	CPRI 链路正常
		红灯亮	光模块接收异常告警
		红灯慢闪（1s 亮，1s 灭）	CPRI 链路失锁
		灭	SFP 模块不在位或者光模块电源下电
CPRI_E	红绿双色	绿灯亮	CPRI 链路正常
		红灯亮	光模块接收异常告警
		红灯慢闪（1s 亮，1s 灭）	CPRI 链路失锁
		灭	SFP 模块不在位或者光模块电源下电

7. BBU 单元配置原则

（1）BBU3900 基本配置。BBU3900 必配单板和模块包括：主控传输板 WMPT、基带处理板 WBBP、风扇模块 FAN 和电源模块 UPEU 等。所有单板支持即插即用，支持灵活的槽位配置。BBU3900 选配单板包括：星卡时钟板 USCU、扩展传输板 UTRP、环境监控板接口板 UEIU。BBU3900 最大可支持 24 小区，可灵活提供从 1×1 到 6×4 或 3×8 的不同容量配置。

（2）BBU3900 单板配置。BBU3900 槽位如图 1-57 所示。

Slot 16	Slot 0	Slot 4	Slot 18
	Slot 1	Slot 5	
	Slot 2	Slot 6	Slot 19
	Slot 3	Slot 7	

图 1-57　BBU3900 槽位图

BBU3900 单板配置原则如表 1-45 所示。

表 1-45　　　　　　　　　　　　　BBU3900 单板配置原则

单板名称	选配/必配	最大配置数	安 装 槽 位	配 置 限 制
WMPT	必配	2	Slot6 或 Slot7	优先配置在 Slot7
WBBP	必配	4	Slot0～Slot3	默认配置在 Slot3；配置在 Slot16 槽位。如果需要扩 CPRI，配置在 Slot2。如果不需要扩 CPRI，优先配置在 Slot0，其次配置在 Slot1，再次配置在 Slot2
FAN	必配	1	Slot16	配置在 Slot16 槽位
UPEU	必配	2	Slot18 或 Slot19	优先配置在 Slot19 槽位
UEIU	选配	1	Slot18	配置在 Slot18 槽位

单板名称	选配/必配	最大配置数	安 装 槽 位	配 置 限 制
UTRP	选配	4	Slot0 或 Slot1 或 Slot4 或 Slot5	优先配置在 Slot4，其次配置在 Slot5，再次配置在 Slot0 和 Slot1
USCU	选配	1	Slot1 或 Slot0	优先配置在 Slot1 使用 1U 双星卡时，配置在 Slot1，同时占用 Slot0

BBU3900 典型配置为 1 块 WMPT、1 块 WBBP、1 块 UPEU、1 块 FAN，如图 1-58 所示。

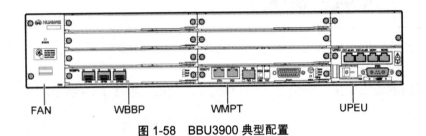

　　　FAN　　　　　　WBBP　　　　　　WMPT　　　　　　UPEU

图 1-58　BBU3900 典型配置

三、任务操作指南

任务 1　NodeB 硬件配置

（一）实训环境描述

本实训环境中，采用华为 DBS3900 型号的 NodeB 设备，如表 1-46 所示。

表 1-46　　　　　　　　　　　　　　NodeB 实训设备

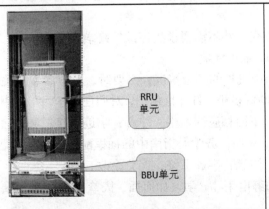

在设备机柜的中下方，安装的是 RRU 单元以及 BBU 单元

两个单元之间以光纤相连

续表

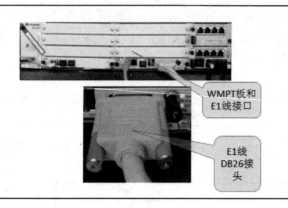

| | 在 BBU 单元的后插板，分别配置了 WMPT 板以及 E1 接口板。接头样式如左图所示 |

本 3G 系统实训平台的无线侧连接有室外扇区天线和室内吸顶天线，外观如图 1-59 所示。

上述天线的馈线是从 NodeB 的 RRU 单元上引出的，如图 1-60 所示。

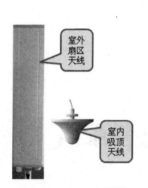

图 1-59　NodeB 天线

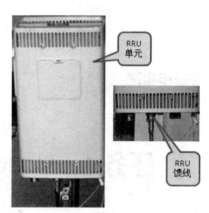

图 1-60　RRU 单元及馈线

（二）操作指南

1. 操作步骤

[步骤 1] 学生进入实验机房，要注意鞋底不能带有影响机房环境卫生的脏物，且不能携带水杯、书包等物品进入。

[步骤 2] 本实验为硬件配置检查，并不需要学生在维护终端上进行操作，因此，没有老师的允许，不允许私自打开 LMT 维护终端。

[步骤 3] 学生首先要了解机房中机柜的摆放情况，必要时，可以参看相关的文件。

[步骤 4] 找到机房中的 BBU3900 机柜，打开机柜门，对照任务学习指南中的机柜配置图，查看配置了何种机框，并填入下面相应的表格。注意：字迹工整，避免涂改。

[步骤 5] 在 BBU3900 机柜中，对照任务学习指南中的插框配置图，查看配置的插框中的单板，并填入下面的相应表格。注意：字迹工整，避免涂改。

[步骤 6] 老师指导学生带好防静电手环，学习如何插、拔单板。（可能需要先将相应的电源开关置于关闭位置。）

[步骤 7] 找到机房中的 RRU3804 安装箱，对照任务学习指南中的配置图，查看配置的 RRU3804 安装箱中的单板，并填入下面相应的表格。注意：字迹工整，避免涂改。

[步骤 8] 最后，画出 NodeB 的 BBU、RRU 逻辑功能图，并在图中标注出相应单板的数量。

2. 需填写的表格（见表 1-47 和表 1-48）

表 1-47　　　　　　　　　　　　BBU 硬件配置空表

序号	单板名称及型号	槽 道 位 置	配 置 数 量

表 1-48　　　　　　　　　　　　RRU 硬件配置空表

硬件单元名称：RRU3804			
编　号	项　目	面 板 标 识	说　明
接口			
指示灯			

3. 画图

请按照设备的实际连接和配置情况，画出硬件配置功能图。

任务 2   RNC 硬件配置

(一) 实训环境描述

本实训环境中，采用华为 BSC6810 型号的 RNC 设备，其 E1 线缆连接于 RNC 后插板 AEU 模块的 E1 接口上。RNC 设备及 E1 线缆接头情况如图 1-61 所示。

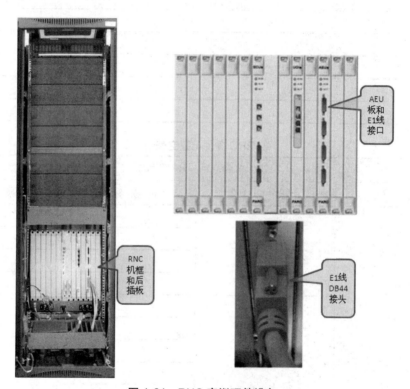

图 1-61   RNC 实训硬件设备

(二) 操作指南

1. 操作步骤

[步骤 1] 学生进入实验机房，要注意鞋底不能带有影响机房环境卫生的脏物，且不能携带水杯、书包等物品进入。

[步骤 2] 本实验为硬件配置检查，并不需要学生在维护终端上进行操作，因此，没有老师的允许，不允许私自打开 LMT 维护终端。

[步骤 3] 学生首先要了解机房中机柜的摆放情况，必要时，可以参看相关的文件。

[步骤 4] 找到机房中的 RSR、RBR 机柜，打开机柜门，对照任务学习指南中的机柜配置图，查看配置了何种机框，并填入下面相应的表格。注意：字迹工整，避免涂改。

[步骤 5] 在 RSR 机柜中，对照学习指南中的插框配置图，查看配置的 RSS 插框中的单板，并填入下面相应的表格。注意：字迹工整，避免涂改。

[步骤 6] 老师指导学生带好防静电手环，学习如何插、拔单板。（可能需要先将相应的电源开关置于关闭位置。）

[步骤 7] 在 RSR 机柜中，对照学习指南中的插框配置图，查看配置的 RBS 插框中的单板，并填入下面相应的表格。注意：字迹工整，避免涂改。

[步骤 8] 在 RBR 机柜（若有）中，对照学习指南中的插框配置图，查看配置的 RBS 插框中的单板，并填入下面的相应表格。注意：字迹工整，避免涂改。

[步骤 9] 最后，画出 RNC 的逻辑功能图，并在图中标注出相应单板的数量。

2．需填写的表格

按照操作指南，仔细检查各硬件单元（机柜、插框、单板），并填入表 1-49～表 1-53 中。

表 1-49　　　　　　　　　　　　　　RSR 机柜配置空表

硬件单元名称：RSR			
机 柜 名 称	机柜内插框编号	插 框 名 称	插框总数量

备注：

表 1-50　　　　　　　　　　　　　　RBR 机柜配置空表

硬件单元名称：RBR			
机 柜 名 称	已配置插框名称	插 框 编 号	插框总数量

备注：

表 1-51　　　　　　　　　　　　RSR—RSS 插框配置空表

硬件单元名称：RSR—RSS				
单板名称及型号	槽道位置	数量	接 口 型 号	已配置的外部电缆类型及长度

备注：

表 1-52　　　　　　　　　　　　RSR—RBS 插框配置空表

硬件单元名称：RSR—RBS				
单板名称及型号	槽道位置	数量	接 口 型 号	已配置的外部电缆类型及长度

备注：

表 1-53　　　　　　　　　　RBR—RBS 插框配置空表

硬件单元名称：RBR—RBS				
单板名称及型号	槽道位置	数量	接 口 型 号	已配置的外部电缆类型及长度

备注：

3．画图

请按照设备的实际连接和配置情况，画出硬件配置功能图。

四、任务评价标准

任务 1　NodeB 硬件配置

（一）技术规范

1．时间规范

（1）完成全部操作在 40min 以内者，得 10 分。

（2）完成全部操作在 41～50min 者，得 8 分。

（3）完成全部操作在 51～60min 者，得 6 分。

（4）完成全部操作在 61～70min 者，得 4 分。

（5）完成全部操作在 71～80min 者，得 3 分。

（6）超过 70min 未完成者，得 0 分。

2．填写配置表文件规范

（1）进行硬件配置检查后，单板型号等配置表表项信息填写不全者，扣 2 分。

（2）统计线缆数量、测量线缆长度不够准确者，扣 2 分。

3. 电缆检查规范

(1) 不能分辨接头、电缆种类的，每种扣 1 分。

(2) 硬件单板名称登记出错、型号记录不全者，扣 2 分。

(3) 未做检查记录的，扣 1～3 分。

4. 工具使用规范

(1) 工具器材损坏者，视情况扣 3～5 分。

(2) 工具材料未按规范整理摆放，随意堆放、丢弃者，视情况扣 1～2 分。

(3) 工具器材未经允许自行带出实训场地的，视情况扣 1～3 分。

(4) 未经允许私自带入个人工具器材进入实训场地的，视情况扣 1～3 分。

5. 文明操作规范

(1) 未按安全操作规范进行操作，出现安全隐患，或已造成人员和场地的轻微伤害者，视情况扣 1～3 分。

(2) 不能融洽地与团队中其他人合作，操作过程中发生争执或纠纷者，视情况扣 1～2 分。

(3) 实训场地内大声喧哗、随意走动、打闹、睡觉、接听手机、看与课程无关的课外书等违纪行为者，视情况扣 1～2 分。

(4) 在实训场地内饮食、乱丢垃圾者，视情况扣 1～2 分。

(5) 实训场地内不听从老师的安排和指挥，任意而为者，视情况扣 1～2 分。

(6) 实训任务结束后，未按要求整理自己的工作台及相关工具器材者，扣 1 分。

(二) 评价标准

任务评价如表 1-54 所示。

表 1-54   **任务评价表**

任 务 名 称	NodeB 硬件配置			
姓名		班级		
评价要点	评价内容	分值	得分	备注
完成时间（10 分）	完成全部操作所用的时间情况	10		
填写文件（30 分）	机柜与插框的对应关系是否正确	10		
	插框与单板对应关系是否正确	10		
	单板型号是否正确	10		
电缆检查（10 分）	电缆名称、型号	5		
	电缆长度是否准确	5		
画图（30 分）	图中涉及的网元是否正确	8		
	各网元的逻辑功能单元名称是否正确、齐全	8		
	各逻辑功能单元之间的连线是否准确	8		
	能否简要描述指导老师随机指定的网元功能	6		

任 务 名 称	NodeB 硬件配置			
姓名		班级		
评价要点	评价内容	分值	得分	备注
工具使用（10分）	工具器材有否损坏	5		
	工具材料是否按规范整理摆放	2		
	工具材料的进出是否经过允许	3		
文明操作（10分）	是否按安全操作规范进行操作	3		
	是否浪费线缆、接头等材料	2		
	能否融洽地与团队中其他人合作	2		
	是否遵守实训场地纪律，听从老师安排、指挥	2		
	是否按要求整理工作台及器材等	1		
合计		100		

任务 2　RNC 硬件配置

（一）技术规范

1. 时间规范

（1）完成全部操作在 40min 以内者，得 10 分。

（2）完成全部操作在 41～50min 者，得 8 分。

（3）完成全部操作在 51～60min 者，得 6 分。

（4）完成全部操作在 61～70min 者，得 4 分。

（5）完成全部操作在 71～80min 者，得 3 分。

（6）超过 70min 未完成者，得 0 分；

2. 填写配置表文件规范

（1）进行硬件配置检查后，单板型号等配置表表项信息填写不全者，扣 1～5 分。

（2）统计线缆数量、测量线缆长度不够准确者，扣 1～5 分。

3. 电缆检查规范

（1）不能分辨接头、电缆种类的，每种扣 1 分。

（2）硬件单板名称登记出错、型号记录不全者，扣 2 分。

（3）未做检查记录的，扣 1～3 分。

4. 工具使用规范

（1）工具器材损坏者，视情况扣 3～5 分。

（2）工具材料未按规范整理摆放，随意堆放、丢弃者，视情况扣 1～2 分。

（3）工具器材未经允许自行带出实训场地的，视情况扣 1～3 分。

（4）未经允许私自带入个人工具器材进入实训场地的，视情况扣 1～3 分。

5．文明操作规范

（1）未按安全操作规范进行操作，出现安全隐患，或已造成人员和场地的轻微伤害者，视情况扣 1～3 分。

（2）不能融洽地与团队中其他人合作，操作过程中发生争执或纠纷者，视情况扣 1～2 分。

（3）实训场地内大声喧哗、随意走动、打闹、睡觉、接听手机、看与课程无关的课外书等违纪行为者，视情况扣 1～2 分。

（4）在实训场地内饮食、乱丢垃圾者，视情况扣 1～2 分。

（5）实训场地内不听从老师的安排和指挥，任意而为者，视情况扣 1～2 分。

（6）实训任务结束后，未按要求整理自己的工作台及相关工具器材者，扣 1 分。

（二）评价标准

评价表如表 1-55 所示。

表 1-55 　　　　　　　　　　　任务评价表

任 务 名 称	RNC 硬件配置			
姓名		班级		
评价要点	评价内容	分值	得分	备注
完成时间（10 分）	完成全部操作所用的时间情况	10		
填写文件（30 分）	机柜与插框的对应关系是否正确	10		
	插框与单板对应关系是否正确	10		
	单板型号是否正确	10		
电缆检查（10 分）	电缆名称、型号	5		
	电缆长度是否准确	5		
画图（30 分）	图中涉及的网元是否正确	8		
	各网元的逻辑功能单元名称是否正确、齐全	8		
	各逻辑功能单元之间的连线是否准确	8		
	能否简要描述指导老师随机指定的网元功能	6		
工具使用（10 分）	工具器材有否损坏	5		
	工具材料是否按规范整理摆放	2		
	工具材料的进出是否经过允许	3		
文明操作（10 分）	是否按安全操作规范进行操作	3		
	是否浪费线缆、接头等材料	2		
	能否融洽地与团队中其他人合作	2		
	是否遵守实训场地纪律，听从老师安排、指挥	2		
	是否按要求整理工作台及器材等	1		
合计		100		

项目 2　WCDMA 基站线缆制作与检验

一、项目整体描述

在 WCDMA 系统安装调试过程中，当机柜、机框以及硬件模块安装到位后，一项重要的安装工作就是线缆的制作和连接。在实际的工程项目中，绝大部分的设备线缆均由厂家定制生产，工程师只需按要求正确连接这些电缆就可以了。但是也有一些线缆是工程师根据实际环境情况现场制作完成的，如 E1 传输线、馈线等。

本项目以华为的设备为参照，完成 WCDMA 设备的线缆制作和检验工作。本项目分为两个任务，分别围绕制作并检测 RNC 到 NodeB 之间的 E1 线（75Ω同轴电缆）和 RRU 到天线之间的馈线展开。

通过这些实训任务力求使学生掌握 WCDMA 设备线缆制作、检验、连接、调整等多方面的实践技能，以便更好地与企业岗位技能需求相适应。

任务 1　E1 线的制作与检验

1．任务说明

本任务要求学生在规定的时间内，完成制作 RNC 与 NodeB 之间的 E1 线及接头，并对所做的 E1 线及接头进行检测和互联。

E1 线即 2M 线，此处所指的 E1 线主要用于 RNC 与 NodeB 之间的连接。在实训系统中是指 RNC 背面 AEUa 板上的 E1/T1 接口到 NodeB 的 BBU（WMPT 板）上的 E1/T1 接口之间的连线。

RNC 设备上的 E1/T1 接口是 DB44 接头，使用 75Ω 同轴电缆为 2×8 芯结构，即两根同轴电缆构成一组，每根同轴电缆包含 8 根微同轴电缆。每组同轴电缆的 16 根微同轴电缆构成 8 条 E1 收发通路。

NodeB 设备上的 E1/T1 接口是 DB26 接头，使用 75Ω 同轴电缆为 8 芯结构，8 根微同轴电缆构成 4 条 E1 收发通路。

连接 RNC 的 DB44 接头和连接 NodeB 的 DB26 接头均与电缆连接好，另一端为裸线，如图 2-1 所示。

本任务要求学生完成 RNC 和 NodeB 的 E1 线接头制作（DB44 接头和 DB26 接头均已接好），制作裸线侧的接头，并对所做的接头进行检测和互联。

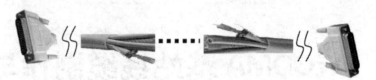

图 2-1　RNC 与 NodeB 的连接电缆

2．材料与工具

完成本任务所需要的材料与工具如图 2-2 所示。

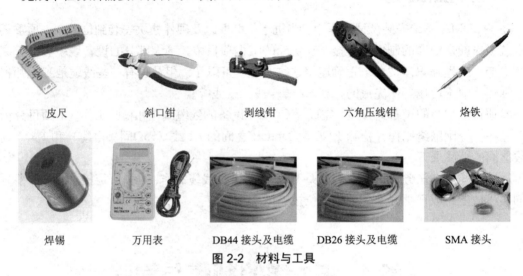

| 皮尺 | 斜口钳 | 剥线钳 | 六角压线钳 | 烙铁 |

| 焊锡 | 万用表 | DB44 接头及电缆 | DB26 接头及电缆 | SMA 接头 |

图 2-2　材料与工具

3．具体要求

（1）任务完成时间的规定：70min。

（2）长度要求：按照 RNC 与 NodeB 设备之间的实际距离适当截取线缆的长度，截取时要注意走线方式。

（3）制作 RNC 侧 E1 电缆第 1 根电缆 8 个芯线的接头。

（4）用万用表检测 RNC 侧 E1 电缆中第 1 根电缆 8 个芯线的接头并做记录。

（5）制作 NodeB 侧 E1 电缆 8 个芯线的接头。

（6）用万用表检测 NodeB 侧 E1 电缆 8 个芯线的接头并做记录。

（7）将 RNC 侧 E1 电缆与 NodeB 侧 E1 电缆按顺序对接。

（8）分别对 DB44（RNC 侧）和 DB26（NodeB 侧）的对应针脚进行检测，验证对接后的 E1 线缆的连接情况并记录。

任务 2　天馈线的制作与检验

1．任务说明

本任务要求学生在规定的时间内，完成制作 RRU 到吸顶天线之间的馈线及接头，并对馈线及接头进行外观检测和上机测试。

在基站施工过程中，为了使基站正常传播信号，需要天线来传输电磁波，而馈线就是给天线提供电磁通道，馈线的接头质量指标直接影响到共用天馈线系统的各微波波道的通信质量。馈线的连接位置是从 RRU 到天线之间。常用的馈线有 7/8 馈线和 1/2 馈线，其接头外观如图 2-3 所示。

图 2-3 中上面 3 个接头从左到右依次是 7/8 馈线的警用、专用和公用接头；下面从左到右依次是 1/2 馈线的警用、专用和公用接头。其中 7/8 馈线是主通道使用，1/2 馈线是经耦合器、功分器或终端出天线使用的连接跳线。

制作馈线时需要使用切割刀切割馈线，馈线切割刀外观如图 2-4 所示。

图 2-3　馈线接头

图 2-4　馈线切割刀

馈线切割刀上面是刀口，用于切割馈线，下面的半圆型槽刚好可以把馈线卡进去。再往下有两根圆柱形钢柱，一长一短，短的带尖，用于将馈线里面的铜皮往外扩，可以更好地与接头接触；长的则用于放进馈线中心的铜管里，使外面的短的钢柱受力转动。

本任务要求学生完成 RRU 连接室内吸顶天线的 1/2 馈线及接头的制作并检测馈线的制作是否符合要求。

2. 材料与工具

完成本任务所需要的材料与工具如图 2-5 所示。

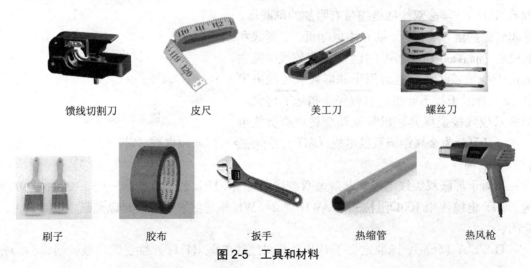

馈线切割刀　　　皮尺　　　美工刀　　　螺丝刀

刷子　　　胶布　　　扳手　　　热缩管　　　热风枪

图 2-5　工具和材料

1/2 馈线

1/2 馈线接头

NodeB 设备

LMT

图 2-5　工具和材料（续）

3. 具体要求

（1）任务完成时间为 70 min。

（2）长度要求：要按照 RRU 单元与天线之间的实际距离适当截取线缆的长度。截取时注意走线方式且不宜过长。

（3）制作 1/2 天线馈线及其接头。

（4）对馈线及接头进行外观检验。

（5）用新做馈线替换设备原馈线。

（6）对馈线进行上机测试（测试驻波比检测所做馈线是否合格）并记录。

（7）恢复操作现场。

二、任务学习指南

（一）常用网络通信线缆特点

1. 双绞线电缆

双绞线电缆是现代计算机网络中最常用的电缆。单根双绞线电缆内部由四对缠绕在一起的绝缘铜线组成，每个线对在单位长度上被缠绕成不同的圈数以避免来自另外一个线对的干扰。双绞线电缆结构如图 2-6 所示。

双绞线电缆按照屏蔽特性又被分为屏蔽双绞线电缆和非屏蔽双绞线电缆（Unshielded Twisted Pair，UTP）。屏蔽双绞线电缆带有附加的屏蔽层，它起到保护信号的作用，防止由电动机、电源线和其他的干扰源产生的电磁干扰。屏蔽双绞线电缆主要用于令牌环网络，也可用于非屏蔽双绞线电缆（UTP）针对干扰不能提供有效保护措施的部位。屏蔽双绞线按金属屏蔽层数量和金属屏蔽层绕包

图 2-6　双绞线电缆

方式，又可分为金属铝箔双绞电缆（FTP）、屏蔽金属箔双绞电缆（SFTP）和屏蔽双绞电缆（STP）三种。

相对于屏蔽双绞线电缆，非屏蔽双绞线电缆（UTP）的外皮要薄一些，使用也更加普遍。UTP 电缆使用 100Ω阻抗的 22AWH 或 24AWH 铜导线。绝缘皮可以是额定填充或无填充的。

TIA/EIA-T568-A 标准定义了对非屏蔽双绞线电缆（UTP）性能的分级，通常称为分

类。高的分类等级表示高的传输速率。不同类电缆间主要差别在于每个线对缠绕的紧密程度不同。

双绞线电缆连接器最常用的是 RJ11 连接器和 RJ45 连接器。

（1）RJ11 连接器。RJ11（RJ 是 Registered Jack 的缩写）连接器是标准 4 芯电话电缆模块式连接器，它是一种标准的模拟语音接头，广泛应用于电话系统。通常调制解调器有这种接头，用以连接电话线。由 RJ11 连接器发展出网络中最常用的 RJ45 八引针连接器。RJ11连接器如图 2-7 所示。

（2）RJ45 连接器。RJ45 模块式连接器方式在 TIA/EIA-T568A 标准中被定义，该连接器是现代局域网的标准双绞线接头。RJ45 连接器如图 2-8 所示。

图 2-7　RJ11 连接器

图 2-8　RJ45 连接器

T568A 与 T568B 标准接线方式除了绿色和橙色线对被对换外没有其他区别。由此可知，这两种接线方式功能相同、性能相同。因此，只要在电缆两端都使用相同的接线方式即可。

多数情况下，双绞线电缆的连线是直通的，即一个连接器的每一条引针连接到它相对的另一连接器的对应引针。但是，在标准网络中，计算机使用不同的线对来传送和接收数据。两台机器通信，在每台机器上生成的信号必须被传递到另一台计算机的接收线，传输和接收线对必须发生交接。电缆被直接连通是因为集线器负责完成交接工作。但若是集线器之间的级连，双绞线电缆的两端就必须使用不同的标准进行交接。同样，若两台计算机直接连接也要使用不同标准连接器交接。

2．同轴电缆

同轴电缆是传输线的一种，所谓同轴是指传输线的内导体的轴线与外导体的轴线相同。同轴电缆的外观如图 2-9 所示。

图 2-9　同轴电缆外观

同轴电缆由内、外导体组成，两个导体同轴布置，传输信号完全限制在外导体内，外导体接地作为屏蔽层传输线，从而保证其屏蔽性能好、传输损耗小、抗干扰性强、使用频带宽。同轴电缆常被用于频率较高的信号的传输。同轴电缆的结构示意图如图 2-10 所示。

目前用于通信传输系统中的常用同轴电缆有：SYV-75-2-1、SFYZ-75-2-1、SYFVZ-75-1-1、SYV-75-2-2、SFYZ-75-2-1、SFYFZ-75-1-1 等型号。图 2-11 所示即是一种常用的同轴电缆。

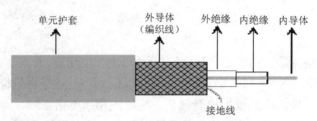

图 2-10　同轴电缆结构示意图

图 2-11　SYV-75-2-1 同轴电缆

说明：上图中"S"表示同轴射频电缆，"Y"表示绝缘介质为聚乙烯，"V"表示保护套材料为聚氯乙稀，"75"表示特性阻抗为 75Ω，"-2-1"代表线的直径大小型号。这是比较常见的一种电缆。常用的同轴电缆及其连接接头实物，如图 2-12 所示。

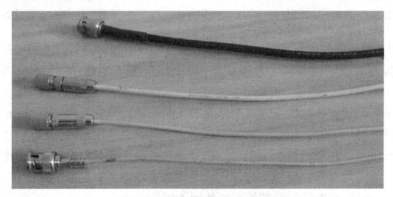

图 2-12　常用的同轴电缆及接头

通信传输系统常用的同轴电缆的型号与传输速率、距离之间的关系举例，如表 2-1 所示。

表 2-1　　　　　　　　　　　　常用的同轴电缆的型号及特性

传 输 速 率	使用同轴电缆	最长传输实测值
2M（75Ω）	SYV－75－2－1	280m
34/45M	SYV－75－2－1（且单板设置"加均衡"）	140m
140M	SYV－75－2－2	70m
155M	SYV－75－2－2	60m

3. 常用同轴电缆接头介绍

（1）DDF 侧常用同轴连接器。DDF 侧常用同轴连接器为 L9（1.6/5.6），俗称西门子同轴头，因为西门子 DDF 架使用的同轴连接器而得名，具有螺纹锁定机构射频同轴连接器、连接尺寸为 M9×0.5。L9 连接器的导体接触件材料为铍青铜、锡磷青铜，连接器内导体接触区域的镀金厚度不小于 2.0μm。L9 是国内的叫法，国际上称做 1.6/5.6 同轴连接器。

L9 头常见有 3 种规格，主要区别是配合使用的线缆口径大小不同，如图 2-13 所示。

图 2-13　L9 接头

（2）适配器接头类型。适配器接头常用为 BNC 接头，为卡口形式，安装方便且价格低廉。还有其他类型，如 SMA、TNC 为螺母连接，满足高震动环境对连接器的要求；SMB 则为插拔式，具有快速连接/断开功能。适配器接头外观如图 2-14 所示。

4. 光缆

光缆使用光脉冲传输二进制信号，因此，存在于电缆上的一些问题被排除了，如电磁干扰、地线等问题。光纤的传输带宽非常大，传输速度可达到上万兆每秒。

图 2-14　各种适配器接头

此外，由于光纤良好的特性，衰减大大减小，这使光纤连接比铜线跨越更远的距离。光缆通常由纤芯、包层和涂覆层三部分组成，如图 2-15 所示。

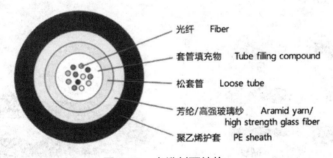

光纤　Fiber

套管填充物　Tube filling compound

松套管　Loose tube

芳纶/高强玻璃纱　Aramid yarn/high strength glass fiber

聚乙烯护套　PE sheath

图 2-15　光缆剖面结构

光缆用于网络的主干线路比较理想，尤其是建筑物间的连接。同时由于不会有电磁辐射，它的安全性更好。

光纤通常分为多模光纤和单模光纤。它们在几个方面有所不同，最主要的差别在于纤芯和包层的粗细。

（1）多模光纤。多模光纤通常额定值是 62.5/125μm，指的是纤芯的粗细和包层与纤芯在一起的总的粗细。多模光纤的信号由发光二极管（LED）生成，这种光束载有多种波长，因此受色散影响较大，信号没有单模光纤传输距离长，但仍可达到 1 000m 以上。通常楼内建筑物内部主干和建筑物之间的连接线缆采用多模光纤。

（2）单模光纤。单模光纤的额定值通常为 8.3/125μm。光在单模光纤中传输时反射的次数要少于多模光纤中的反射次数。单模光纤的传输信号由激光器生成，且为单一波长信号。单模光纤的传输距离要远长于多模光纤，适合跨越长距离，因此，单模光纤常用于广域网的骨干网络。单模光纤虽特性良好，但比多模光纤昂贵且弯曲半径更大。

5. 常用光纤缆接头介绍

光纤连接器的结构种类很多，举例如下。

（1）ST 连接器。ST（Straight Tip，ST）被称为直通式连接器，它是一种传统的光缆连接器，呈圆形柱状。ST 连接器用于光缆端点，此时光缆中只有单根光纤，光缆以交叉连接或互连的方式至光电设备。当该连接器用于光缆交叉连接方式时，连接器置于 ST 连接耦合器中，而耦合器则平装在光纤互连装置或光纤交叉连接分布系统中。ST 连接器插头有陶瓷的和塑料的两种，陶瓷插头的电气性能稍好一些。

（2）SC 接头。SC（Subscriber Connector，SC）被称为用户连接器。SC 连接器接头呈方形，通常分为单工和双工连接器两种，连接时也需要插入适配器。使用 SC 连接器只需把方形主体简单地推入插座即可锁定。SC 连接器正在逐渐流行。

（3）其他光缆连接器。除 ST、SC 等主要连接器外，光纤产品生产商在近几年又推出了一些小型连接器，这其中包括 LC 连接器、MT-RJ 连接器、MU 连接器等。

光纤连接器如图 2-16 所示。

（二）线缆接头制作工具

1. 双绞线接头制作工具

（1）RJ45 压线钳/剥线钳。有专用的 RJ45 压线钳/剥线钳，可以利用它的压线端口压接 RJ45 接头，利用它的剪线端口剪取适当长度的双绞线，利用它的剥线端口剥除双绞线的外皮。RJ45 压线钳如图 2-17 所示。

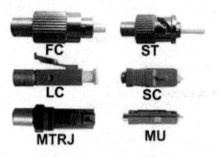

图 2-16　各种光纤连接器　　　　　图 2-17　RJ45 压线钳

（2）剥线钳。如果所用的 RJ45 压线钳没有剥线功能的话，也可以采用剥线钳。在剥线时要特别注意，在剥除外皮的同时，不要剪断里面的双绞线。剥线钳如图 2-18 所示。

2. 同轴电缆接头制作工具

（1）压线钳。图 2-19 所示是同轴电缆专用的压线钳。它用于将芯线与 BNC 接头上的芯线插针压紧，以及将金属套管与 BNC 接头压紧。

（2）剥线钳。用于剥除同轴电缆外层保护胶皮，小心不要割伤金属屏蔽线。

（3）电烙铁和焊锡。用于将芯线与 BNC 接头上的芯线插针焊接在一起，以防止松动或接触不良。注意，不要将焊锡流露在芯线插针外表面，否则会导致芯线插针报废。

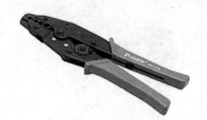

图 2-18　剥线钳　　　　　　　　　　图 2-19　同轴电缆压线钳

3. 光纤接头制作工具

在光纤的连接过程中，主要有 ST 连接器和 SC 连接器。ST 连接插头用于光纤的端点，此时光缆只有单根光纤的交叉连接或互联的方式连接到光电设备上。在所有的单工终端应用中，综合布线系统均使用 ST 连接器。ST 光纤连接器插头有陶瓷的（P2020C-C-125）和塑料的（P2024A-A-125）两种。以往的制作工艺分为磨光、金属圈制作，但目前很多公司已经推出了新产品，采用压接方法。

（1）剥线钳，用于剥除光缆外皮。

（2）光纤连接器压接钳，如图 2-20 所示。

（三）RNC 侧 E1 线

RNC 侧 E1 线采用 75Ω 同轴电缆，是中继电缆的一种，属选配电缆，配置数目根据需要确定。它传输中继 E1 信号，用于连接主备 AEUa/PEUa 单板和 DDF 或其他网元。

图 2-20　光纤连接器压接钳

RNC 侧 E1 线使用的 75Ω 同轴电缆为 2×8 芯结构，即两根同轴电缆构成一组，每根同轴电缆包含 8 根微同轴电缆。每组同轴电缆的 16 根微同轴电缆构成 8 条 E1 收发通路。

RNC 侧 E1 线 75Ω 同轴电缆外观如图 2-21 所示。

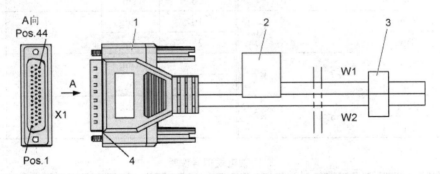

1—DB44 插头；2—主标签（标识电缆编码、版本、厂家信息）；

3—标签（标识一根同轴电缆）；4—DB44 插头的金属外壳

图 2-21　RNC 侧 E1 线 75Ω 同轴电缆外观图

RNC 侧 E1 线 75Ω 同轴电缆的一端为 DB44 插头，另一端悬空为裸同轴电缆，其接头根据现场情况选择和制作，如图 2-22 和图 2-23 所示。

图 2-22　DB44 插头

图 2-23　8 芯 75Ω 同轴电缆

　　RNC 侧 E1 线 75Ω 同轴电缆外屏蔽接地层通过 DB44 插头的金属外壳与 RNC 相连,75Ω 同轴电缆与 DB44 插头插针的接线关系如表 2-2 所示。表 2-2 中的信号说明如表 2-3 所示。

表 2-2　　　　　　　　　　　　　RNC 侧 75Ω 同轴电缆与插头插针接线关系表

DB44 插头插针	W1		备注	DB44 插头插针	W2		备注
	信号	微同轴电缆标识			信号	微同轴电缆标识	
38	Ring	1	R1	15	Ring	1	T1
23	Tip			30	Tip		
37	Ring	2	R2	14	Ring	2	T2
22	Tip			29	Tip		
36	Ring	3	R3	13	Ring	3	T3
21	Tip			28	Tip		
35	Ring	4	R4	12	Ring	4	T4
20	Tip			27	Tip		
34	Ring	5	R5	11	Ring	5	T5
19	Tip			26	Tip		
33	Ring	6	R6	10	Ring	6	T6
18	Tip			25	Tip		
32	Ring	7	R7	9	Ring	7	T7
17	Tip			24	Tip		
31	Ring	8	R8	8	Ring	8	T8
16	Tip			7	Tip		

表 2-3　　　　　　　　　　　　　微同轴电缆信号说明

信 号 标 识	承 载 介 质
Ring	微同轴电缆的屏蔽层
Tip	微同轴电缆的芯
RX	表示第 X 路 E1 接收信号
TX	表示第 X 路 E1 发送信号

RNC 侧 E1 线 75Ω 同轴电缆一端连接 AEUa/PEUa 单板的 E1/T1 端口，另一端连至 DDF 或其他网元。RNC 侧 E1 线 75Ω 同轴电缆连接情况如图 2-24 所示。

（四）NodeB 侧 E1 线

NodeB 侧 E1/T1 线用于连接 BBU 和外部传输设备，传输基带信号。

NodeB 侧 E1/T1 线分为 75Ω E1 同轴线、120Ω E1 双绞线。

NodeB 侧 E1/T1 线的一端为 DB26 公型连接器，另一端需要根据现场情况，制作相应的连接器，外观如图 2-25 和图 2-26 所示。

图 2-24 RNC 侧 E1 接头

图 2-25 NodeB 侧 E1/T1 信号线外观

图 2-26 DB26 接头

NodeB 侧 75ΩE1 同轴线连接器类型如表 2-4 所示。

表 2-4　　　　　　　　　　　NodeB 侧 75ΩE1 同轴线连接器类型

线 缆 名 称	一 端	另 一 端
75ΩE1 同轴线	DB26 公型连接器	L9 公型连接器
		L9 母型连接器
		SMB 母型连接器
		BNC 公型连接器
		SMZ 公型连接器
		SMZ 母型连接器

NodeB 侧 E1/T1 线芯脚的对应关系如表 2-5 所示。表中 Tip 表示 E1 同轴线的芯线，Ring 表示 E1 同轴线的外导体。

表 2-5　　　　　　　　　　　NodeB 侧 75ΩE1 同轴线芯线芯脚说明表

DB26 公型连接器芯脚	芯 线 类 型	同 轴 序 号	线 缆 标 签
X1.1	Tip	1	RX1+
X1.2	Ring		RX1-
X1.3	Tip	3	RX2+
X1.4	Ring		RX2-
X1.5	Tip	5	RX3+
X1.6	Ring		RX3-
X1.7	Tip	7	RX4+
X1.8	Ring		RX4-

续表

DB26 公型连接器芯脚	芯 线 类 型	同 轴 序 号	线 缆 标 签
X1.19	Tip	2	TX1+
X1.20	Ring		TX1-
X1.21	Tip	4	TX2+
X1.22	Ring		TX2-
X1.23	Tip	6	TX3+
X1.24	Ring		TX3-
X1.25	Tip	8	TX4+
X1.26	Ring		TX4-

NodeB 侧 E1 线 75Ω 同轴电缆一端连接 WMPT 单板的 E1/T1 端口，另一端连至 DDF 或直接与 RNC 相连。NodeB 侧 E1 线 75Ω 同轴电缆连接情况如图 2-27 所示。

（五）RRU 射频馈线

RRU 通常使用的射频馈线为 1/2 英寸馈线，用于射频信号的输入和输出。射频馈线的一端为 DIN 公型连接器，另一端为根据现场需求制作的连接器。两端为 DIN 公型连接器，外观如图 2-28 所示。

图 2-27　NodeB 侧 E1 接头

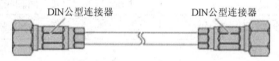

图 2-28　两端为 DIN 公型连接器的射频馈线外观

当 RRU 与天线的距离在 14m 以内时，射频馈线一端连接 RRU 底部的 ANT 端口，另一端直接连接至天线，如图 2-29 所示。

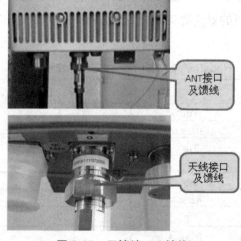

图 2-29　天馈接口及馈线

三、任务操作指南

任务 1 E1 线的制作与检验

(一) 实训环境描述

1. RNC 侧设备及 E1 线缆接口情况

本实训环境采用华为 BSC6810 型号的 RNC 设备, 其 E1 线缆连接于 RNC 后插板 AEU 模块的 E1 接口上。需要注意的是, 该 RNC 设备的 E1 线缆接口实际上的物理接口为 DB44 接头的形式。每个 DB44 接头连接 2 根电缆, 每根电缆中又包含 8 根 75Ω 的同轴电缆, 其中每 2 根 75Ω 同轴电缆组成一个 E1 系统, 一发一收, 即 RNC 侧的 DB44 所连接的两根电缆共可组成 8 个 E1 系统。RNC 设备及 E1 线缆接头情况如图 2-30 所示。

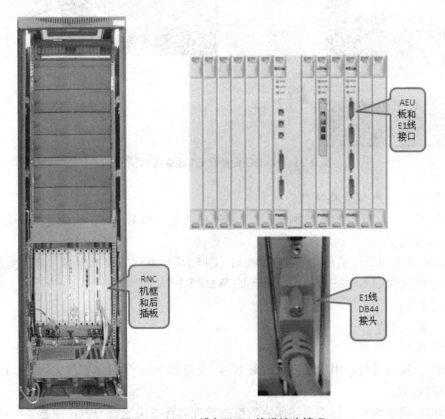

图 2-30 RNC 设备及 E1 线缆接头情况

2. NodeB 侧设备及 E1 线缆接口情况

本实训环境中, 采用华为 DBS3900 型号的 NodeB 设备, 其 E1 线缆连接于 NodeB 设备 BBU 单元的 WMPT 模块的 E1 接口上。需要注意的是，该 NodeB 设备的 E1 线缆接口实际上的物理接口为 DB26 接头的形式。每个 DB26 接头连接 8 根 75Ω 的同轴电缆，其中每 2 根 75Ω 同轴电缆组成一个 E1 系统，一发一收，即 NodeB 侧的 DB26 所连接的电缆共可组成 4 个 E1 系统。NodeB 设备及 E1 线缆接头情况如图 2-31 所示。

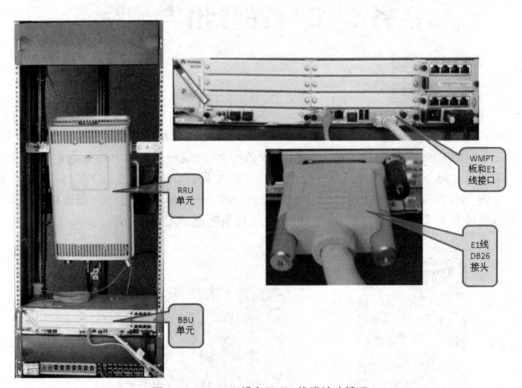

图 2-31　NodeB 设备及 E1 线缆接头情况

3. 无线侧 E1 线缆连接情况

本 3G 系统实训平台的无线侧 E1 线缆的连接情况，即 RNC 与 NodeB 设备之间的 E1 线缆的连接情况：

从 RNC 背面 AEUa 板的最下端 E1 接口（即 E1/T1（0～7），DB44 接头）连接其中 0～3 共 4 个系统线缆到 NodeB 的 BBU 单元的 WMPT 板的 E1 接口（DB26 接头），共实现 4 个 E1 系统对接。

（二）操作指南

1. E1 线制作步骤

[步骤 1] 量取线长：用皮尺分别测量 RNC 设备到 NodeB 设备接口之间的长度，以此确定电缆的长度。

[步骤 2] 截取线缆：按照上述确定的电缆长度对裸线缆进行剪裁，注意要额外留出盘线和制作线头的电缆长度。用斜口钳将线缆截断。

[步骤 3] 剥线：使用剥线钳将 E1 线缆绝缘外层剥去，注意留好制作线头的长度，不能太短也不能太长，完成方法如图 2-32 所示。

[步骤 4] 焊接芯线：依次套入电缆头尾套，压接套管，将屏蔽网（编织线）往后翻开，剥开内绝缘层，露出芯线长 2.5mm，将芯线（内导体）插入接头，注意芯线必须插入接头的内开孔槽中，最后上锡，如图 2-33 所示。

图 2-32　E1 电缆剥线

图 2-33　焊接芯线

[步骤 5] 压线：将屏蔽网修剪齐，余约 6.0mm，然后将压接套管及屏蔽网一起推入接头尾部，用六角压线钳压紧套管，最后将芯线焊牢。即可完成一个 E1 电缆接头的制作，如图 2-34 所示。

按照上述步骤依次完成 RNC 侧前 4 组 E1 线（共 8 根）和 NodeB 侧 4 组 E1 线（共 8 根）电缆接头的制作。

2．E1 线检测方法

[步骤 1] 用数字万用表分别测试 RNC 侧和 NodeB 侧 E1 电缆的数字配线接头的芯线与屏蔽线之间是否有短路，如图 2-35 所示。

图 2-34　E1 电缆压线

图 2-35　测试线缆是否短路

[步骤 2] 测试 RNC 侧 E1 线的数字配线头的芯线和屏蔽线与对应的 DB44 接头的针脚之间的连接是否良好，有无虚焊现象。E1 线芯线和屏蔽层与 DB44 针脚的对应关系参见表 2-2 "RNC 侧 75Ω 同轴电缆与插头插针接线关系表"。

[步骤 3] 测试 NodeB 侧 E1 线的数字配线头的芯线和屏蔽线与对应的 DB26 接头的针脚之间的连接是否良好，有无虚焊现象。E1 线芯线和屏蔽层与 DB26 针脚的对应关系参见表 2-5 "NodeB 侧 75ΩE1 同轴线芯线芯脚说明表"。

[步骤 4] 按顺序将 RNC 侧和 NodeB 侧两组电缆的数字配线头进行对接。然后用数字万用表分别测 DB44 接头与 DB26 接头对应针脚的连通是否良好，以及有无错接问题。

任务 2　天馈线的制作与检验

（一）实训环境描述

本 3G 系统实训平台的无线侧连接有室外扇区天线和室内吸顶天线，外观如图 2-36 所示。上述天线的馈线是从 NodeB 的 RRU 单元上引出的，如图 2-37 所示。

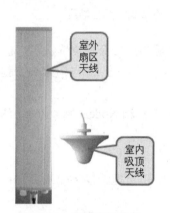

图 2-36　天馈实训设备

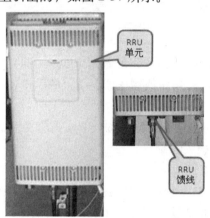

图 2-37　RRU 与天馈接口

（二）操作指南

1. 馈线制作步骤

[步骤 1] 量取馈线长度：用皮尺量取从 RRU 到天线间的馈线长度。注意走线方式，在满足距离要求的情况下馈线应不宜过长。

[步骤 2] 切割馈线：将量取好的馈线进行切割。切割时先将馈线头的外皮用切割刀环切一下，然后用美工刀纵剖开将外皮去掉，露出里面的铜皮，这时用切割刀在适当距离处（21mm 左右）开始顺时针转动，均匀用力，一般转至 6～9 圈处就可以把断面切开，如图 2-38 所示。

[步骤 3] 清除杂质：切割完之后断面要保持平整，用刷子等工具祛除馈线横截面上的杂质，如图 2-39 所示。

图 2-38　切割馈线

图 2-39　清除馈线截面的杂质

[步骤 4] 安装防水圈：套上防水圈，起防水进入和牢固接头的作用，如图 2-40 所示。

[步骤 5] 套上接头底部，如图 2-41 所示。

图 2-40 安装防水圈

图 2-41 套上接头底部

[步骤 6] 安装钢圈套：将钢圈儿套至端面下的第一个凹陷处，然后从底部往上转动至与端面一样齐，如图 2-42 所示。

[步骤 7] 增强接触：用 1/2 切割刀底部的两条柱形物外扩外面的铜皮，与接头紧密接触。再反沾胶布的镙丝刀把里面的铜屑给清除干净，外面用胶布把端面上的杂质清除掉，如图 2-43 所示。

图 2-42 安装钢圈套

图 2-43 外扩接头外面的铜皮

[步骤 8] 安装头套：将头套套上，并用两个扳手将接头拧紧，如图 2-44 所示。

[步骤 9] 加热缩管：用热缩管将接头保护好。这样一个接头便做好了，之后就可以连耦合器或功分器了。注意，套好热缩管后应用热风枪使热缩管加热到一定温度以便热缩管定型，如图 2-45 所示。

图 2-44 安装头套

图 2-45 加热缩管

2. 馈线检测方法

对馈线的检测可分为外观检测和上机测试两种。一般外观检测，主要看馈线接头的安装制作是否完好、平整、美观，有无接头开裂、端面不平、杂质碎屑，馈线及护套是否有破皮、开裂、鼓包等现象。

上机测试是指将制作好的馈线用来连接 RRU 和天线，并登录到 NodeB 的 LMT 或 3G 网管，通过测试驻波比来检验馈线的质量。测试的具体过程如下。

（1）RRU 下电

将 RRU 配套电源设备上对应的空开开关置为"OFF"。

（2）拆卸原馈线

将 RRU 与天馈之间的原有馈线拆卸下来，妥善放置他处。

（3）安装新馈线

将上述制作的新馈线安装在 RRU 与天馈之间，用扳手将螺丝拧紧。

（4）RRU 上电

[步骤 1] 将 RRU 配套电源设备上对应的空开开关置为"ON"，给 RRU 上电。

[步骤 2] 等待 3～5min 后，查看 RRU 模块指示灯的状态，各种状态的含义请参见后续 RRU 指示灯。

（5）启动 LMT

首先打开客户端软件，将弹出登录窗口，如图 2-46 所示。

图 2-46　网络管理系统登录窗口

然后输入服务器 IP 地址、用户名与密码，点击"确定"按钮，弹出客户端窗口，如图 2-47 所示。

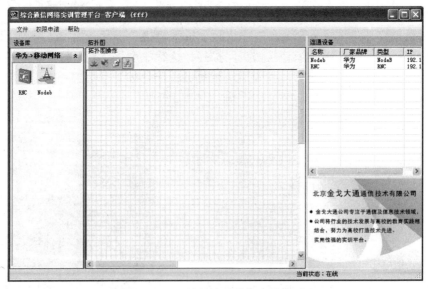

图 2-47　网络管理系统客户端窗口

如果用户获得操作设备权限，系统将会在系统底部状态栏提示用户获得授权，并且将会显示用户获得授权的时间，如图 2-48 所示。

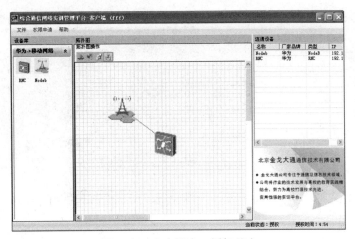

图 2-48　客户端窗口授权状态

双击拓扑图中的 NodeB，启动控制这个设备的程序，如图 2-49 所示。

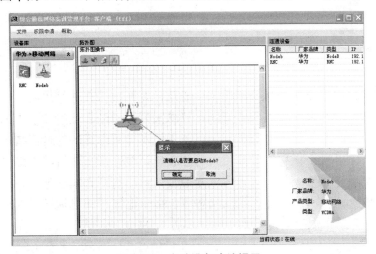

图 2-49　启动设备确认提示

用户授权后，点击"确定"按钮，系统自动跳转到华为 NodeB 本地维护终端，如图 2-50 所示。

图 2-50　NodeB 本地维护终端登录窗口

输入用户名和密码，进入 LMT 操作界面。

① 测试驻波比。在 LMT 界面中输入命令 DSP VSWR，如图 2-51 所示。

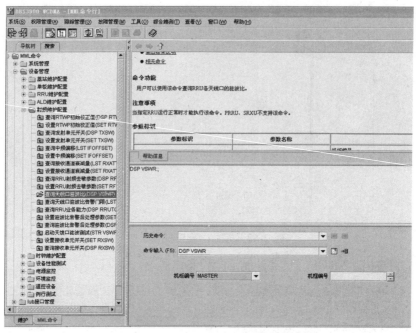

图 2-51　输入 DSP VSWR 命令

　　驻波比是衡量匹配程度的另一个量，一般用在发射机、天线等设备。如果匹配良好，负载阻抗等于电缆特性阻抗，不产生反射，只有入射波，没有反射波，电缆各处电信号的幅度相等，成行波状态；如果匹配不好，负载阻抗不等于电缆的特性阻抗，将产生反射，此时电缆中既有入射波，也有反射波，入射波和反射波迭加，使得沿电缆中一定距离电压或电流幅度呈周期性变化。某一些地方幅度最大，另一些地方幅度最小，形成驻波，幅度最大值和最小值之比就叫驻波比。行波状态下，由于电缆各处电信号幅度相等，驻波比等于 1；形成驻波后，驻波比总大于 1。

　　RRU 天线口驻波比取值范围：1.0～2.5。正常值在 1.0～1.5，大于 1.5 会产生告警信息。

　　② RRU 下电。将 RRU 配套电源设备上对应的空开开关置为"OFF"。

　　③ 拆除新馈线。

　　④ 安装原馈线。

　　⑤ RRU 上电。将 RRU 配套电源设备上对应的空开开关置为"ON"，给 RRU 上电。等待 3～5min 后，查看 RRU 模块指示灯的状态，直至 RRU 运行正常。RRU 主要指示灯状态说明如表 2-6 所示。

表 2-6　　　　　　　　　　　　RRU 主要指示灯状态说明

指示灯	颜色	状　态	含　义
RUN	绿色	常亮	有电源输入，单板故障
		常灭	无电源输入，或单板故障
		慢闪（1s 亮，1s 灭）	单板正常运行
		快闪（0.125s 亮，0.125s 灭）	单板正在加载软件，或者单板未开工

指示灯	颜色	状 态	含 义
ALM	红色	常亮	告警状态，需要更换模块
		慢闪（1s 亮，1s 灭）	告警状态，不能确定是否需要更换模块，可能是相关单板或接口等故障引起的告警
		常灭	无告警
ACT	绿色	常亮	工作正常（发射通道打开）
		慢闪（1s 亮，1s 灭）	单板运行（发射通道关闭）

四、任务评价标准

任务 1 E1 线的制作与检验

（一）技术规范

1. 时间规范

（1）完成全部操作在 40min 以内者，得 10 分。

（2）完成全部操作在 41～50min 者，得 8 分。

（3）完成全部操作在 51～60min 者，得 7 分。

（4）完成全部操作在 61～70min 者，得 5 分。

（5）完成全部操作在 71～80min 者，得 4 分。

（6）完成全部操作在 81～90min 者，得 3 分。

（7）超过 90min 未完成者，得 0 分。

2. 长度规范

（1）单侧线缆（RNC 侧或 NodeB 侧）过长/过短者，扣 2 分。

（2）对接后线缆长度不够不能按照走线方式连接两侧设备者，扣 2 分。

3. 接头制作规范

（1）接头数量未按要求去做的，每少做 1 个，扣 2 分。

（2）接头外观残次的，每个扣 1 分。

（3）接头安装制作错误，导致两侧 E1 线缆不能对接的，每条线扣 2 分。

（4）线缆接头未按要求的顺序做的（即 RNC 侧 E1 电缆要求做第 1 根电缆 8 个芯线的接头），每个接头扣 1 分。

4. 接头检验规范

（1）同轴电缆侧接头的芯线与屏蔽层有短路现象的，每个扣 1 分。

（2）同轴电缆侧接头的芯线和屏蔽层与对应的 DB44（或 DB26）接头针脚之间断路、虚焊的，每个扣 1 分。

（3）同轴电缆侧接头的芯线和屏蔽层与对应的 DB44（或 DB26）接头针脚之间错接的，每个扣 1 分。

（4）对接后 DB44 接头与 DB26 接头对应针脚不通的，每个扣 1 分。

（5）未做检测记录的，扣 2～6 分。

5．工具使用规范

（1）工具器材损坏者，视情况扣 3～5 分。

（2）工具材料未按规范整理摆放，随意堆放、丢弃者，视情况扣 1～2 分。

（3）工具器材未经允许自行带出实训场地的，视情况扣 1～3 分。

（4）未经允许私自携带个人工具器材进入实训场地的，视情况扣 1～3 分。

6．文明操作规范

（1）未按安全操作规范进行操作，出现安全隐患，或已造成人员和场地的轻微伤害者，视情况扣 1～3 分。

（2）随意浪费线缆、接头等材料者，视情况扣 1～2 分。

（3）不能融洽地与团队中其他人合作，操作过程中发生争执或纠纷者，视情况扣 1～2 分。

（4）实训场地内大声喧哗、随意走动、打闹、睡觉、接听手机、看与课程无关的课外书等违纪行为者，视情况扣 1～2 分。

（5）在实训场地内饮食、乱丢垃圾者，视情况扣 1～2 分。

（6）实训场地内不听从老师的安排和指挥，任意而为者，视情况扣 1～2 分。

（7）实训任务结束后，未按要求整理自己的工作台及相关工具器材者，扣 1 分。

（二）评价标准

本任务评价如表 2-7 所示。

表 2-7   任务评价表

任务名称	E1 线的制作与检验			
姓　名		班　级		
评价要点	评价内容	分　值	得分	备注
完成时间（10 分）	完成全部操作所用的时间情况	10		
线缆长度（10 分）	单侧线缆长度是否合适	5		
	对接后线缆长度是否够用	5		
接头制作（30 分）	接头数量是否符合要求	10		
	接头外观是否合格	8		
	接头安装是否错误	6		
	接头顺序是否符合要求	6		

续表

评价要点	评价内容	分　值	得分	备注
接头检验（30 分）	同轴电缆侧接头的芯线与屏蔽层有否短路现象	6		
	同轴电缆侧接头的芯线和屏蔽层与对应的 DB44（或 DB26）接头针脚之间有否断路、虚焊	6		
	同轴电缆侧接头的芯线和屏蔽层与对应的 DB44（或 DB26）接头针脚之间连接关系是否正确	6		
	对接后 DB44 接头与 DB26 接头对应针脚是否通	6		
	是否做了相应的检测记录	6		
工具使用（10 分）	工具器材有否损坏	5		
	工具材料是否按规范整理摆放	2		
	工具材料的进出是否经过允许	3		
文明操作（10 分）	是否按安全操作规范进行操作	3		
	是否浪费线缆、接头等材料	2		
	能否融洽地与团队中其他人合作	2		
	是否遵守实训场地纪律，听从老师安排、指挥	2		
	是否按要求整理工作台及器材等	1		
合计		100		

任务 2　天馈线的制作与检验

（一）技术规范

1. 时间规范

（1）完成全部操作在 40min 以内者，得 10 分。

（2）完成全部操作在 41～50min 者，得 8 分。

（3）完成全部操作在 51～60min 者，得 7 分。

（4）完成全部操作在 61～70min 者，得 5 分。

（5）完成全部操作在 71～80min 者，得 4 分。

（6）完成全部操作在 81～90min 者，得 3 分。

（7）超过 90min 未完成者，得 0 分。

2. 长度规范

（1）馈线过长/过短者，扣 5 分。

（2）接头外观残次，出现开裂、端面不平、铜线裸露等情况者，每个扣 2～3 分。

（3）接头及线缆肮脏不洁的，每个扣 1～2 分。

（4）热缩管封套质量差，出现断裂、破皮、鼓包等情况者，每个扣 2～3 分。

（5）线缆有直角弯折、对折、打结、破皮等现象者，扣 2～4 分。

3. 馈线检验规范

（1）更换电缆前未按要求对 RRU 单元下电的，扣 5 分。

（2）更换线缆时将线缆连接位置搞错的，扣 5 分。

（3）未能按要求登录到 NodeB 的操作终端 LMT 界面的，扣 5 分。

（4）登录 LMT 后未能正确执行驻波比测试操作的，扣 5 分。

（5）未做检测记录的，扣 5 分。

（6）未按要求恢复操作现场的，扣 5 分。

（7）操作过程中将原线缆损坏或引起 NodeB 设备操作异常的，扣 5 分。

（8）经测试所制作的馈线驻波比超标，不符合要求，经调整后仍不达标的，扣 5 分。

4. 工具使用规范

（1）工具器材损坏者，视情况扣 3～5 分。

（2）工具材料未按规范整理摆放，随意堆放、丢弃者，视情况扣 1～4 分。

（3）工具器材未经允许自行带出实训场地的，视情况扣 2～3 分。

（4）未经允许私自带入个人工具器材进入实训场地的，视情况扣 1～3 分。

5. 文明操作规范

（1）未按安全操作规范进行操作，出现安全隐患，或已造成人员和场地的轻微伤害者，视情况扣 1～3 分。

（2）随意浪费线缆、接头等材料者，视情况扣 1～2 分。

（3）不能融洽地与团队中其他人合作，操作过程中发生争执或纠纷者，视情况扣 1～2 分。

（4）实训场地内大声喧哗、随意走动、打闹、睡觉、接听手机、看与课程无关的课外书等违纪行为者，视情况扣 1～2 分。

（5）在实训场地内饮食、乱丢垃圾者，视情况扣 1～2 分。

（6）实训场地内不听从老师的安排和指挥，任意而为者，视情况扣 1～2 分。

（7）实训任务结束后，未按要求整理自己的工作台及相关工具器材者，扣 1 分。

（二）评价标准

本任务评价如表 2-8 所示。

表 2-8　　　　　　　　　　　　　　任务评价表

任务名称	天馈线的制作与检验			
姓名		班级		
评价要点	评价内容	分值	得分	备注
完成时间（10 分）	完成全部操作所用的时间情况	10		
线缆长度（5 分）	馈线长度是否合适	5		

续表

评价要点	评价内容	分值	得分	备注
接头制作（20 分）	接头数量是否符合要求，有否残次	6		
	接头及线缆是否洁净	4		
	热缩管封套质量是否合格	6		
	线缆是否折损、破皮	4		
馈线检验（40 分）	更换电缆前是否按要求对 RRU 单元下电	5		
	更换线缆时线缆连接位置是否正确	5		
	能否按要求登录到 NodeB 的操作终端 LMT 界面	5		
	登录 LMT 后能否正确执行驻波比测试操作	5		
	是否做了相应的检测记录	5		
	是否按要求恢复操作现场	5		
	是否损坏原线缆或引起 NodeB 设备操作异常	5		
	经测试所制作的馈线驻波比是否满足要求	5		
工具使用（15 分）	工具器材有否损坏	5		
	工具材料是否按规范整理、摆放	4		
	工具材料的进出是否经过允许	6		
文明操作（10 分）	是否按安全操作规范进行操作	3		
	是否浪费线缆、接头等材料	2		
	能否融洽地与团队中其他人合作	2		
	是否遵守实训场地纪律，听从老师安排、指挥	2		
	是否按要求整理工作台及器材等	1		
合计		100		

项目 3 WCDMA 基站开通调测

一、项目整体描述

在 WCDMA 基站系统安装调试过程中，当安装完基站系统（RNC 和 NodeB）的机柜、机框以及硬件模块、并按实际需要准备且连通各种电缆后，下一步的工作就是对基站设备进行开通调试。在实际的工程项目中，厂家已经根据用户的需求，提供硬件配置，接下来就需要对 NodeB 进行一系列的调测与初步验证，以确保 NodeB 按要求投入使用。NodeB 调测过程的内容包括：升级软件、下载数据配置文件、检查硬件状态、检查运行状态。

本项目以华为的设备作为参照（以现场实际配置的硬件为例），使学生能进行 NodeB 的调测工作。项目实训任务共有两个，分别涉及 LMT 及 MML 命令操作和 NodeB 开通调测。任务 1 使学生了解操作管理工具软件的安装、启动、升级、使用等。任务 2 使学生掌握 NodeB 开通的基本步骤，了解所执行命令的目的，能明白输出报告信息的格式。

通过这些实训任务将使学生对设备的开通过程有一个清晰的认识，了解部分命令的使用、参数选择，并学会在遇到不懂的问题时，如何借助相关厂家手册来解决问题等多方面的实践技能，以便更好地与企业工程实践岗位技能需求相适应。

任务 1 LMT 及 MML 命令操作

1. 任务说明

本任务要求学生在规定的时间内，熟悉基站系统的操作维护终端 LMT 的软硬件，学会登陆 NodeB LMT，并进行基本的操作。熟悉 MML 人机命令的操作特点，并能够熟练使用常用的 MML 的命令。

2. 材料与工具

完成本任务所需要的材料与工具如图 3-1 所示。

3. 具体要求

（1）完成任务时间的规定：70min。

（2）对照提供的 LMT 计算机硬件配置要求（参见本项目任务说明），检查实际计算机硬件的配置是否符合要求，填写硬件设备配置表中的各个项目。

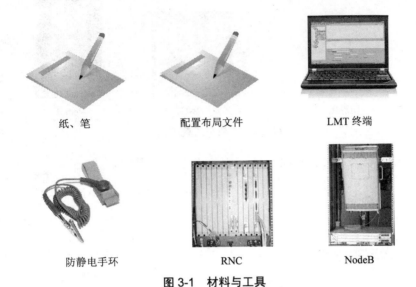

纸、笔　　　　　　配置布局文件　　　　　　LMT 终端

防静电手环　　　　　　RNC　　　　　　NodeB

图 3-1　材料与工具

（3）检查机房中安装的 LMT 软件版本，在指定的非联网计算机上安装 LMT 软件。按 LMT 软件描述要求填写检查和任务执行的结果。

（4）在机房的联网 LMT 计算机上执行部分 MML，并能够按要求填写相关参数值。

任务 2　NodeB 开通调测

1. 任务说明

本任务要求学生在规定的时间内，了解对基站系统的开通测试工作流程，学会在教师的指导下进行 NodeB 开通调测。熟练运用前一任务中介绍的部分重要命令。

2. 材料与工具

完成本任务所需的材料与工具如图 3-2 所示。

3. 具体要求

（1）完成任务时间为 70min。

纸、笔　　　　　　配置布局文件　　　　　　LMT 终端

图 3-2　材料与工具

防静电手环

RNC

NodeB

图 3-2　材料与工具（续）

（2）检查基站软硬件运行环境。

（3）按操作步骤进行 NodeB 开通调试操作。

（4）验证 NodeB 的开通是否正常。

（5）做好必要的数据记录。

二、任务学习指南

（一）LMT 简介

1. LMT 概念

使用 LMT（Local Maintenance Terminal）时需要区分 LMT、LMT 计算机、LMT 应用程序 3 个概念。相关内容见表 3-1。

表 3-1　　　　　　　　　　　　　　　LMT 相关概念

LMT	LMT 是一个逻辑概念，指安装了"华为本地维护终端"软件组，并与网元的实际操作维护网络连通的操作维护终端。通过 LMT，可以对网元进行相应操作和维护
LMT 计算机	LMT 计算机是个硬件概念，指用来安装"华为本地维护终端"软件组的计算机
LMT 应用程序	LMT 应用程序指安装在 LMT 计算机上，由华为公司自主开发的"华为本地维护终端"软件组

2. NodeB LMT 功能

NodeB LMT 是 NodeB 本地维护的主要工具。主要用于 NodeB 调测、日常维护、故障排除等。

NodeB LMT 具有以下功能：

（1）提供图形用户界面；

（2）实现告警管理、文件管理、设备管理、消息跟踪管理、实时特性监测等功能；

（3）提供丰富的 MML（Man Machine Language）命令，可对系统进行全面的配置与维护。

3. 软件组成

LMT 由以下 3 部分组成：本地维护终端、跟踪回顾工具、监控回顾工具等。

（1）NodeB LMT 本地维护终端。"本地维护终端"是 LMT 软件的一个子系统。它采用图形用户界面，实现故障管理、文件管理、设备管理、消息跟踪管理、实时特性监测等功能。此外，它还提供了丰富的 MML（Man Machine Language）命令对系统进行全面的配置与维护。使用"本地维护终端"进行在线操作维护时，需要在 LMT 与 NodeB 建立正常的通信，其界面如图 3-3 所示。

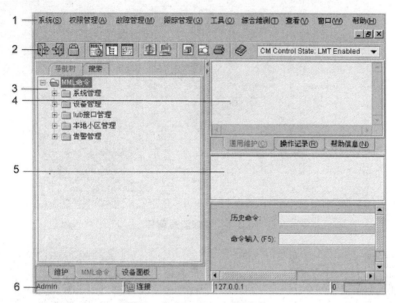

图 3-3　NodeB LMT 终端窗口

其中各个部分的名称和含义如表 3-2 所示。

表 3-2　　　　　　　　　　　　　　LMT 窗口结构说明

图 中 编 号	名 称	说 明
1	菜单栏	提供系统的菜单操作
2	工具栏	提供系统的快捷图标操作
3	导航树窗口	以树形结构的方式提供各类操作对象，包括"维护"、"MML 命令"页签
4	对象窗口	进行操作的窗口，提供了操作对象的详细信息 如果使用"MML 命令"进行操作维护，则该区域显示 MML 命令行客户端
5	输出窗口	记录当前操作及系统反馈的详细信息，包含"公共"、"维护"页签
6	状态栏	显示当前登录的用户名、连接状态、IP 地址等信息

（2）NodeB LMT 跟踪回顾工具。"跟踪回顾工具"是离线工具。使用"跟踪回顾工具"可以对保存为 tmf 格式的跟踪消息文件，并进行浏览和回顾。在对话框中选择跟踪消息文件，则显示跟踪消息，如图 3-4 所示。

（3）NodeB LMT 监控回顾工具。"监控回顾工具"是离线工具。使用"监控回顾工具"可以保存为 mrf 格式的监控 CPU 占用率文件，并进行浏览和回顾，如图 3-5 所示。

图 3-4　跟踪消息窗口

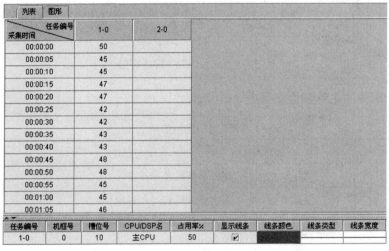

图 3-5　监控回顾工具窗口

（二）LMT 应用程序安装

1．LMT 配置要求

安装 LMT 软件的计算机硬件配置要求如表 3-3 所示，软件操作系统、浏览器等均需满足一定的配置要求，具体参见厂家相关手册。

表 3-3　　　　　　　　　　　　　　LMT 硬件配置要求

配　置　项	数　量	推　荐　配　置	最　低　配　置
CPU	1	2.8GHz 或以上	866MHz
RAM	1	512MB	256MB
硬盘	1	80GB	10GB

续表

配　置　项	数　量	推　荐　配　置	最　低　配　置
显卡分辨率	—	1 024 × 768 或更高分辨率	800 × 600
光驱	1	—	—
网卡	1	10/100Mbit/s	10/100Mbit/s
其他设备	5 × 1	键盘、鼠标、Modem、声卡、音箱	—

2. 安装操作过程

LMT 应用程序的安装过程大致如下所述。

将 LMT 软件安装光盘放入光驱。打开安装盘的文件目录，双击安装程序文件图标弹出如图 3-6 所示对话框，选择安装程序的语言。

图 3-6　选择安装语言

单击"确定"按钮，弹出对话框。阅读简介，单击"下一步"按钮，弹出如图 3-7 所示窗口。

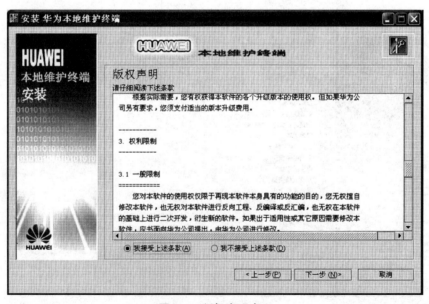

图 3-7　版权声明窗口

阅读版权声明，同意后，选择"我接受上述条款"。

单击"下一步"按钮，弹出如图 3-8 所示对话框。

使用 LMT 软件的默认安装路径或自行指定安装路径，单击"下一步"按钮。

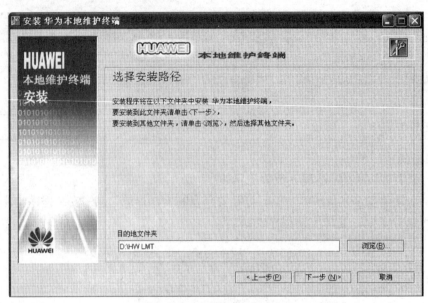

图 3-8　选择安装路径

选择需要安装的程序组件（推荐全选），单击"下一步"按钮，弹出"CD KEY"输入界面，输入正确的 CD KEY，单击"下一步"按钮，弹出"安装信息确认"对话框，如图 3-9 所示。

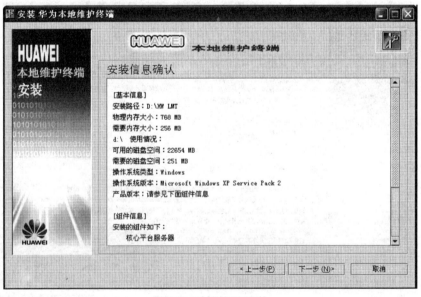

图 3-9　确认安装信息

确认对话框中的安装信息，单击"下一步"按钮，弹出文件复制进度窗口，显示安装进度、正在安装的文件类型以及文件安装相对路径，如图 3-10 所示。

文件复制结束后，弹出初始化组件的进度窗口。

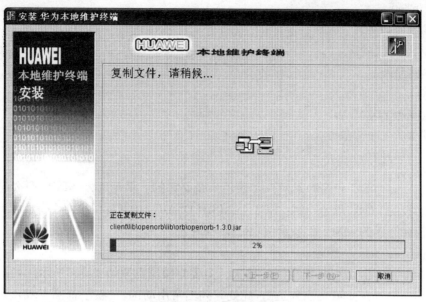

图 3-10 文件复制进程

所有程序安装完毕后，单击"完成"按钮，安装结束。

软件安装完毕，系统自动启动 LMT Service 管理器，如图 3-11 所示。

软件安装完毕，弹出如图 3-12 所示的对话框。如要立即启动 LMT，单击"确定"按钮；如稍后启动，单击"取消"按钮。

启动"本地维护终端"，如果弹出如图 3-13 所示"用户登录"对话框，表明 LMT 软件安装成功。

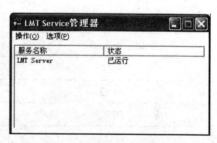

图 3-11 LMT Service 管理器窗口

图 3-12 确认启动客户端提示

图 3-13 LMT 登录界面

（三）MML 命令简介

1. MML 命令功能

NodeB 的 MML 命令用于实现整个 NodeB 的操作维护功能，包括：

（1）系统管理；

（2）设备管理；

（3）Iub 接口管理；

（4）本地小区管理；

（5）告警管理。

2．MML 命令的格式

MML 命令的格式为

命令字:参数名称=参数值；

命令字结构为

动词+名词

命令字是必需的，但参数名称和参数值不是必需的，根据具体 MML 命令而定。包含命令字和参数的 MML 命令示例：SET ALMSHLD: AID=10015, SHLDFLG=UNSHIELDED；

仅包含命令字的 MML 命令示例：**LST VER:;**

3．MML 命令操作类型

MML 命令采用"动作+对象"的格式，主要的操作类型如表 3-4 所示。名词部分因操作对象不同而异（在此不一一列出），此处只列出常用动词。（鉴于篇幅有限，只列出相关 MML 名称，各命令相关的参数，详见华为手册。）

表 3-4　　　　　　　　　　　LMT 命令操作类型

动作英文缩写	动作含义
ACT	激活
ADD	增加
BLK	闭塞
DLD	下载
DSP	查询动态信息
LST	查询静态数据
MOD	修改
RMV	删除
RST	复位
SET	设置
STP	停止（关闭）
STR	启动（打开）
UBL	解闭塞
ULD	上载
SCN	扫描
CLB	校准

4．NodeB MML 常用命令参考

表 3-5～表 3-15 分别列出常用的 NodeB MML 命令，作为参考，更多命令及其具体信

息请详见华为公司相关手册。

表 3-5　　　　　　　　　　　　版本管理命令

查询网元软件版本	(LST SOFTWARE)	激活热补丁	(ACT PATCH)
查询网元当前版本	(LST VER)	去激活热补丁	(DEA PATCH)
查询单板版本	(DSP BRDVER)	确认热补丁	(CON PATCH)
下载网元软件	(DLD SOFTWARE)	删除热补丁	(RMV PATCH)
增补网元软件	(SPL SOFTWARE)	回退热补丁	(RBK PATCH)
停止网元文件传输	(STP FTP)	查询单板热补丁信息	(DSP PATCH)
激活软件版本	(ACT SOFTWARE)	查询热补丁信息	(LST PATCH)
同步软件版本	(SYN SOFTWARE)	查询会话号	(LST SESSIONID)
查询软件同步状态	(DSP SOFTSYNCH)	下载网元组合软件	(DLD MULTISW)
查询软件状态	(DSP SOFTSTATUS)	激活组合软件版本	(ACT MULTISW)
清除 License 配置	(CLR LICENSE)	设置软件加载控制权	(SET LOADCTRL)
查询 License 信息	(DSP LICENSE)	查询软件加载控制权	(DSP LOADCTRL)
下载热补丁	(DLD PATCH)	回退软件	(RBK SOFTWARE)

表 3-6　　　　　　　　　　　　文件管理命令

下载数据配置文件（FTP 服务器到 NodeB）	(DLD CFGFILE)
上载数据配置文件（NodeB 到 FTP 服务器）	(ULD CFGFILE)
上载其他文件（NodeB 到 FTP 服务器）	(ULD FILE)
生成设备档案文件	(EXP DEVFILE)
上载设备档案文件（NodeB 到 FTP 服务器）	(ULD DEVFILE)
上载 CB 配置文件（NodeB 到 FTP 服务器）	(ULD CBCFGFILE)
设置 FTPS Client 参数	(SET FTPSCLT)
查询 FTPS Client 的参数	(LST FTPSCLT)
增加 FTPS Client 访问目的端口	(ADD FTPSCLTDPORT)
修改 FTPS Client 访问目的端口	(MOD FTPSCLTDPORT)
删除 FTPS Client 访问目的端口	(RMV FTPSCLTDPORT)
查询 FTPS Client 访问地址与端口信息	(LST FTPSCLTDPORT)

表 3-7　　　　　　　　CB（Configuration Baseline）管理命令

设置下载配置文件的生效标志	(SET CFGFILEENB)
确认 CB	(CFM CB)

续表

删除 CB	(RMV CB)
修改 CB	(MOD CB)
查询 CB	(DSP CB)
激活 CB	(ACT CB)
回退 CB	(RBK CB)

表 3-8　　　　　　　　　　　　　　配置权管理命令

查询配置权状态	(LST CMCTRL)
LMT 请求配置权	(REQ CMCTRL)
LMT 锁定配置权	(LCK CMCTRL)
LMT 解锁配置权	(ULK CMCTRL)
LMT 强制获取配置权	(FOC CMCTRL)
M2000 请求配置权	(REQ NECMCTRL)
M2000 强制获取配置权	(FOC NECMCTRL)
设置配置权使用开关	(SET CMCTRLSW)

表 3-9　　　　　　　　　　　　　　批命令管理命令

启动批命令事务	(STR BATCHFILESN)
结束批命令事务	(END BATCHFILESN)
强制结束批命令事务	(FOE BATCHFILESN)
查询批命令事务	(LST BATCHFILESN)
下载批命令文件	(DLD BATCHFILE)
激活批命令	(ACT BATCHFILE)
中止批命令事务的当前操作	(CNL BATCHFILESN)
上载批命令结果文件	(ULD BATCHFILERST)
回退批命令	(RBK BATCHFILE)

表 3-10　　　　　　　　　　　　　　日志管理命令

设置 CHR 上报开关	(SET CHRSW)
查询 CHR 上报开关	(LST CHRSW)
设置信息级别	(SET CHRLEVEL)
查询 CHR 信息级别	(LST CHRLEVEL)

表 3-11　SSL 管理命令

查询 SSL 连接能力	(DSP SSLCPB)
配置网元支持的连接类型	(SET CONNTYPE)
配置证书文件	(SET CERTFILE)
配置 SSL 握手认证模式	(SET SSLAUTHMODE)
查询 SSL 配置参数	(LST SSLCONF)

表 3-12　设备管理命令

基站维护配置	设置网元名称	(SET NODEBNAME)
单板维护配置	增加单板	(ADD BRD)
RRU 维护配置	增加 RRU 链/环	(ADD RRUCHAIN)
ALD 维护配置	设置 ALD 供电开关	(SET ALDPWRSW)
射频维护配置	设置 RTWP 初始校正值	(SET RTWPINITADJ)
时钟维护配置	启动时钟源质量测试	(STR CLKTST)
GPS 参考接收机维护配置	增加 GPS 参考接收机	(ADD NGRU)
设备性能测试	启动 RRU 链路误码率测试	(STR RRULNKTST)
电源监控	增加电源监控单元	(ADD PMU)
环境监控	增加环境监控单元	(ADD EMU)
温控设备	增加温控单元	(ADD TCU)
风扇监控	增加风扇监控单元	(ADD FMU)
例行测试	启动 E1/T1 性能例行测试	(STR E1T1RTTST)

表 3-13　Iub 接口管理命令

组网管理	增加组网 PVC	(ADD TREELNKPVC)
物理层管理	设置基板 E1/T1 承载模式	(SET E1T1BEAR)
链路层管理	增加 UNI 链路	(ADD UNILNK)
传输层管理	增加 AAL2 节点	(ADD AAL2NODE)
维护通道管理	增加远端维护通道	(ADD OMCH)
性能测试	启动 E1/T1 在线性能数据查询	(STR E1T1ONLTST)
物理层管_IPRAN	启动以太网口 MAC 错帧统计	(STR FEMACTST)
链路层管_IPRAN	增加 PPP 链路	(ADD PPPLNK)
传输层管_IPRAN	增加路由	(ADD IPRT)
性能测试_IPRAN	启动 SCTP 报文统计命令	(STR SCTPSTS)

表 3-14 本地小区管理命令

站点配置	增加站点	（ADD SITE）
	删除站点	（RMV SITE）
	修改站点	（MOD SITE）
	查询站点	（LST SITE）
扇区配置	增加扇区	（ADD SEC）
	删除扇区	（RMV SEC）
	修改扇区	（MOD SEC）
	查询扇区	（LST SEC）
上行基带资源组配置	增加上行基带资源组	（ADD ULGROUP）
	删除上行基带资源组	（RMV ULGROUP）
	修改上行基带资源组	（MOD ULGROUP）
	查询上行基带资源组	（LST ULGROUP）
下行基带资源组配置	增加下行基带资源组	（ADD DLGROUP）
	删除下行基带资源组	（RMV DLGROUP）
	修改下行基带资源组	（MOD DLGROUP）
	查询下行基带资源组	（LST DLGROUP）
本地小区配置	增加本地小区	（ADD LOCELL）
	删除本地小区	（RMV LOCELL）
	修改本地小区	（MOD LOCELL）
	查询本地小区配置	（LST LOCELL）
	查询本地小区状态	（DSP LOCELL）
	查询本地小区资源状况	（DSP LOCELLRES）
	查询逻辑小区配置	（DSP CELLCFG）
	设置 Mac-hs 调度参数	（SET MACHSPARA）
	查询 Mac-hs 调度参数	（LST MACHSPARA）
	设置 Mac-hs 最大资源限制比例参数	（SET RSCLMTPARA）
	查询 Mac-hs 最大资源限制比例参数	（LST RSCLMTPARA）
	闭塞本地小区	（BLK LOCELL）
	解闭塞本地小区	（UBL LOCELL）
	增加 CMB FACH_D 组	（ADD CMBGROUP）
	删除 CMB FACH_D 组	（RMV CMBGROUP）
	修改 CMB FACH_D 组	（MOD CMBGROUP）

续表

本地小区配置	查询 CMB FACH_D 组	（LST CMBGROUP）
	修改本地小区中的 RRU 功率	（MOD RRUOFLOCELL）
	设置平滑功率变更功能开关	（SET SMTHPWRSWTCH）
	查询平滑功率变更功能开关	（LST SMTHPWRSWTCH）
	设置 Mac-e 参数	（SET MACEPARA）
	查询 Mac-e 参数	（LST MACEPARA）
	设置 R99 算法参数	（SET R99ALGPARA）
	查询 R99 算法参数	（LST R99ALGPARA）
	设置关闭小区发射机定时器	（SET CLSPATIMER）
	查询关闭小区发射机定时器	（LST CLSPATIMER）
	设置基站资源分配模式	（SET RESALLOCRULE）
	查询基站资源分配模式	（LST RESALLOCRULE）
	增加超远覆盖小区资源组	（ADD REMOTECELLGRP）
	修改超远覆盖小区资源组	（MOD REMOTECELLGRP）
	删除超远覆盖小区资源组	（RMV REMOTECELLGRP）
	查询超远覆盖小区资源组	（LST REMOTECELLGRP）
	增加小区功率共享组	（ADD PAGRP）
	修改小区功率共享组	（MOD PAGRP）
	删除小区功率共享组	（RMV PAGRP）
	查询小区功率共享组	（LST PAGRP）
	设置 R99 流控功能开关	（SET R99FLOWCTRLSWTCH）
	查询 R99 流控功能开关	（LST R99FLOWCTRLSWTCH）
	设置 HSUPA 自适应重传开关	（SET ADPRETRANSSWTCH）
	查询 HSUPA 自适应重传开关	（LST ADPRETRANSSWTCH）
本地小区测试	启动下行网络负荷模拟	（STR DLSIM）
	停止下行网络负荷模拟	（STP DLSIM）
	调整下行网络负荷模拟	（MOD DLSIM）
	查询下行网络负荷模拟	（DSP DLSIM）
	设置去敏强度	（SET DESENS）
	查询去敏强度	（DSP DESENS）
	设置紧急 License 触发条件	（SET EMGLICENSE）
	查询紧急 License 触发条件	（LST EMGLICENSE）

续表

	删除紧急 License 触发条件	(RMV EMGLICENSE)
	增加 DC 小区组	(ADD DUALCELLGRP)
	删除 DC 小区组	(RMV DUALCELLGRP)
	查询 DC 小区组	(LST DUALCELLGRP)
本地小区测试	设置用户突发数据包	(SET UEQOSENHANCEPARA)
	查询用户突发数据包	(LST UEQOSENHANCEPARA)
	设置动态调压参数	(SET OPTDYNADJPARA)
	查询动态调压参数	(LST OPTDYNADJPARA)
	设置睡眠小区参数	(SET NOACCESSALMPARA)
	查询睡眠小区参数	(LST NOACCESSALMPARA)

表 3-15   告警管理命令

查询活动告警	(LST ALMAF)
查询告警日志	(LST ALMLOG)
设置告警屏蔽标志	(SET ALMSHLD)
查询告警配置	(LST ALMCFG)
恢复告警配置信息	(RST ALMCFG)
设置按对象屏蔽告警条件	(ADD OBJALMSHLD)
清除按对象屏蔽告警条件	(RMV OBJALMSHLD)
查询告警屏蔽条件	(LST OBJALMSHLD)
查询告警过滤参数	(LST ALMFILTER)
设置告警过滤参数	(SET ALMFILTER)
查询 NodeB 工程状态	(LST NODEBSTATUS)

（四）MML 命令操作

1. MML 命令操作界面

在"本地维护终端"界面，将"查看→命令行窗口"设置为选中状态，显示 MML 命令行客户端界面，如图 3-14 所示。

2. 命令执行模式

有两种方式执行 MML 命令：

- 单条命令执行模式；
- 批量命令执行模式。

（1）执行单条 MML 命令。执行 NodeB MML 命令可实现整个 NodeB 操作维护功能。

- 在"命令输入"框输入 MML 命令。

[步骤 1] 在"命令输入"框输入一条命令。

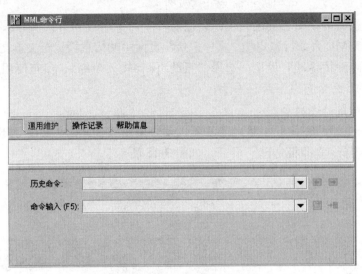

图 3-14　MML 命令输入界面

[步骤 2] 按 "ENTER" 键或单击 ⊡。命令参数区域将显示该命令包含的参数。

[步骤 3] 在命令参数区域输入参数值。

[步骤 4] 按 "F9" 键或单击 ⇥目，执行该命令。

• 在 "历史命令" 框选择 MML 命令。

[步骤 1] 在 "历史命令" 下拉列表框中选择一条历史命令，或按 "F7" 键选择前一条历史命令、或按 "F7" 键选择后一条历史命令。命令参数区域将同时显示该命令的所有参数设置。

[步骤 2] 在命令参数区域修改参数值。

[步骤 3] 按 "F9" 键或单击 ⇥目，执行该命令。

• 在 "命令输入" 区域粘贴 MML 命令脚本：

[步骤 1] 把带有完整参数取值的 MML 命令脚本粘贴在 "命令输入" 区域；

[步骤 2] 按 "F9" 键或单击 ⇥目，执行该命令。

• 在 "MML 命令" 导航树上选择 MML 命令：

[步骤 1] 双击 "MML 命令" 导航树窗口中某条 MML 命令；

[步骤 2] 在命令参数区域输入参数值。

[步骤 3] 按 "F9" 键或单击 ⇥目，执行该命令。

• 在 "通用维护" 显示窗口将返回执行结果。

（2）批执行 MML 命令。批执行 MML 命令，是指当编排好一系列命令来完成某个独立的功能或某个操作时，可以用批处理的方式一次执行多条命令。

执行批执行 MML 命令前，应已生成批命令处理文件。批命令处理文件（也称数据脚本文件）是一种纯文本文件（txt 格式）。将一些常用任务的操作命令或者完成特定任务的一组命令用文本形式保存，以后运行时无须再手工输入一条条命令，直接执行该文本文件即可。

使用以下 3 种方法，可生成批命令处理文件：

- 直接使用文本编辑工具进行编辑，按照一条命令一行的方式书写保存；
- 直接将 MML 命令行客户端"操作记录"页面中的信息拷贝至文本文件中进行保存；
- 在"本地维护终端"界面，选择"系统>保存输入命令"，保存使用过的命令。

批执行 MML 命令有以下两种方法。

① 立即执行批处理命令。

[步骤 1] 选择"系统→批处理"菜单项，或使用快捷键"Ctrl+E"，弹出"MML 批处理"对话框，选择"立即批处理"页签，如图 3-15 所示。

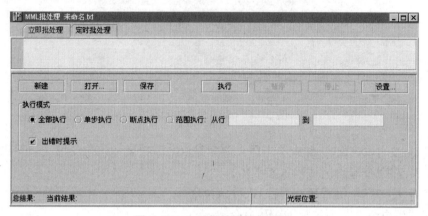

图 3-15　立即批处理执行界面

[步骤 2] 单击"新建"按钮，在输入框内输入批处理命令，或单击"打开"按钮，选择预先编辑好的批处理文件。

[步骤 3] 设置执行参数。

[步骤 4] 单击"执行"按钮。

② 定时批处理。

[步骤 1] 选择"系统→批处理"命令，或使用快捷键"Ctrl+E"，弹出"MML 批处理"对话框，选择"定时批处理"页签，如图 3-16 所示。

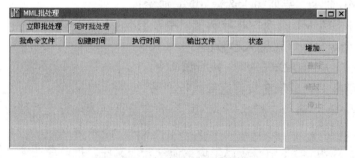

图 3-16　定时批处理执行界面

[步骤 2] 单击"增加"，弹出"增加批处理任务"对话框，如图 3-17 所示。

[步骤 3] 单击"批命令文件"右侧的▦，选择批处理文件。

[步骤 4] 单击"执行时间"右侧的▦，设定执行时间。

[步骤 5] 单击"确定"按钮。

（五）NodeB 文件种类

NodeB 支持的文件种类包括：数据配置文件、调试日志文件、安全日志文件、运行日志文件、操作日志文件、设备存量文件。

（1）数据配置文件。数据配置文件是指 NodeB 模块参数的设置文件。数据配置文件为 MML 或 DBS 格式文件，支持上载和下载。

（2）调试日志文件。调试日志文件记录了系统各类调试日志，包括系统打点日志、CHR 日志等。调试日志文件为二进制文件，支持上载。

（3）安全日志文件。安全日志文件记录系统中发生安全事件。安全日志文件为文本文件，支持上载。

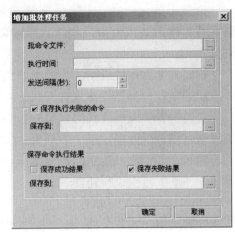

图 3-17　增加批处理任务窗口

（4）运行日志文件。运行日志文件记录了外部可见的系统运行状态信息。运行日志文件为文本文件，支持上载。

（5）操作日志文件。操作日志文件记录了用户对 NodeB 进行的操作维护信息，从而可以查看用户的操作记录。操作日志文件为文本文件，支持上载。

（6）设备存量文件。设备存量文件记录了 NodeB 单板的设备档案信息，包括单板制造信息、单板运行时间等。设备存量文件为 xml 文件，支持上载。

（六）告警管理简介

告警管理是故障管理的一部分，故障管理能够检测、隔离并且修复所管理的设备模块在运行过程中出现的各种异常情况。如果设备产生的故障可能影响到向用户提供的业务，设备模块会产生告警，然后通过设备告警模块上报告警信息，如检测到数据传输错误、设备运行故障或超负荷运行，操作员可以根据上报的告警信息采取适当措施及时消除设备故障。

1. NodeB 告警类别

NodeB 告警可分为故障告警和事件告警两类。

故障告警是指由于硬件设备故障或某些重要功能异常而产生的告警，如某单板故障、链路故障。

事件告警是设备运行时的一个瞬间状态，只表明系统在某时刻发生了某一预定义的特定事件，如通路拥塞，并不一定代表故障状态。某些事件告警是定时重发的。

故障告警发生后，根据故障所处的状态，可分为恢复告警和活动告警。如果故障已经恢复，该告警将处于"恢复"状态，称之为恢复告警；如果故障尚未恢复，该告警则处于"活动"状态，称之为活动告警。事件告警没有恢复告警和活动告警之分。通常故障告警的严重性比事件告警高。

2. NodeB 告警级别

NodeB 告警级别用于标识一条告警的严重程度。按严重程度递减的顺序可以将所有告

警（故障告警和事件告警）分为 4 种：紧急告警、重要告警、次要告警、提示告警。

紧急告警：此类级别的告警影响到系统提供的服务，必须立即进行处理。即使该告警在非工作时间内发生，也需立即采取措施。如某设备或资源完全不可用，需对其进行修复。

重要告警：此类级别的告警影响到服务质量，需要在工作时间内处理，否则会影响重要功能的实现。如某设备或资源服务质量下降，需对其进行修复。

次要告警：此类级别的告警未影响到服务质量，但为了避免更严重的故障出现，需要在适当时候进行处理或进一步观察。

提示告警：此类级别的告警指示可能存在潜在的错误会影响到提供的服务，相应的措施根据不同的错误进行处理。

3. NodeB 告警事件类型

告警类型一共有两种：故障告警和事件告警。"告警浏览"窗口也分显示故障告警表格和事件告警表格。系统支持故障告警和事件告警的实时更新，新产生的故障告警和事件告警实时显示在表格中，用户能够浏览到满足条件的最新告警。

故障告警：反映出设备的故障状态，电路故障、链路故障等均属于故障告警。故障告警的严重性比较高。故障告警在发生后会产生对应的恢复告警，在故障告警表格中浏览到的告警包括新产生的故障告警、已恢复的故障告警和未恢复的历史故障告警。

事件告警：反映设备运行的瞬时状态，属于偶然性事件，接续、单板加载等均属于事件告警。事件告警只有发生没有恢复，有些事件告警是定时重发的。

按照网管标准分类 NodeB 告警。NodeB 告警分为以下几类。

（1）电源系统：有关电源系统的告警（如直流-48V）。

（2）环境系统：有关机房环境（温度、湿度、门禁等）的告警。

（3）信令系统：有关随路信令（一号）和共路信令（七号）的告警。

（4）中继系统：有关中继电路及中继板的告警。

（5）硬件系统：有关单板设备的告警（如时钟、CPU 等）。

（6）软件系统：有关软件方面的告警。

（7）运行系统：系统运行时产生的告警。

（8）通信系统：有关通信系统的告警。

（9）业务质量：有关服务质量的告警。

（10）处理出错：其他异常情况引起的告警。

4. 告警浏览

选择"故障管理>告警浏览"菜单项或单击工具栏上按钮▣（或按"Ctrl+B"），弹出"告警浏览"窗口。

单击每列表头的图标，可以对当前告警列信息进行排序查看。

双击一条告警可以查看其详细信息。

在"告警浏览"窗口中使用右键菜单可以进行以下操作。

（1）保存告警。

（2）打印告警。

（3）打印预览告警。

（4）手动恢复。

（5）手动刷新。

（6）清除全部恢复告警。

（7）清空当前窗口。

（8）设置告警列。

（9）自动滚动。

（10）查找。

（11）处理建议。

（12）修改告警级别。

5. 告警日志查询

通过告警日志查询功能可以查询到满足某些条件的告警信息。

选择"故障管理>告警日志查询"菜单项或单击工具栏上的 按钮，弹出"告警日志查询"窗口。

根据需要设置查询条件。

单击"确定"按钮，弹出"查询告警日志"窗口。

单击每列表头的 图标，可以对当前告警信息进行排序查看。

双击一条告警可以查看其详细信息。

在"告警日志查询"窗口中使用右键菜单可以进行以下操作。

（1）保存告警。

（2）打印告警。

（3）打印预览告警。

（4）手动恢复。

（5）手动刷新。

（6）清除所选恢复告警。

（7）清除全部恢复告警。

（8）设置告警列。

（9）查找。

（10）处理建议。

（11）修改告警级别。

6. NodeB 告警系统属性配置

（1）配置 NodeB 告警查询窗口属性。配置 NodeB 告警查询窗口属性，是指对告警显示窗口进行一些设置。用户可以根据使用习惯设置不同级别告警的显示颜色，设置故障告警的声音播放时长，设置告警记录的初始显示数目和最大显示数目。具体操作如下。

在"本地维护终端"NodeB LMT 上，选择"故障管理→告警定制"，弹出"告警定制"对话框，如图 3-18 所示。

图 3-18 "告警定制"界面

● 根据需要,设置不同的告警窗口属性。单击"确定"按钮,完成定制。

(2)设置 NodeB 告警闪烁提示。本任务用于提示系统有告警发生。具体操作如下。

在"本地维护终端"界面,选择"故障管理→告警闪烁提示",任务栏显示 NodeB 告警管理器图标■。

右键单击 NodeB 告警管理器,可以完成以下操作。操作管理器操作项如表 3-16 所示。

表 3-16 NodeB 告警管理器操作项

操 作 项	说 明
停止当前闪烁	当有告警闪烁时,选择该选项,停止当前的告警闪烁
告警闪烁提示	选择该项,则当有告警发生时,NodeB 告警管理器图标闪烁
告警浏览	显示发生的告警信息

(七)调测 NodeB(LMT)

采用近端 LMT 调测方式对 NodeB 进行调测时,可通过 NodeB LMT 升级软件、下载数据配置文件、检查 NodeB 运行状态。

1. 调测 NodeB(LMT)流程

在基站近端,可通过 LMT 为 NodeB 升级软件和下载数据配置文件,并检查 NodeB 的运行状态。

调测 NodeB 前,NodeB、RNC 应已满足以下要求:

● NodeB 硬件设备(如机柜、线缆、天馈、附属设备等)已完成安装,并通过安装检查。NodeB 已上电,并通过上电检查;

● RNC 硬件设备已完成安装、调测,系统运行正常。已增加了待调测 NodeB 的协商数据,并已记录。

NodeB 调测流程如图 3-19 所示。

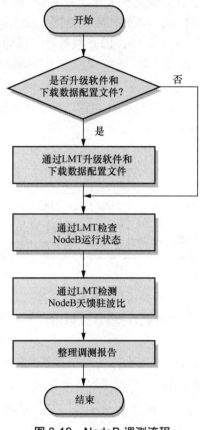

图 3-19 NodeB 调测流程

2. 调测操作要点

[步骤 1] 根据 NodeB 当前软件版本和数据配置的情况，选择不同的操作步骤。操作步骤如表 3-17 所示。

表 3-17 依据 NodeB 当前软件版本和数据配置情况选择操作步骤

如果…	则…
当前软件版本和配置数据与实际需要运行的软件版本和配置数据不一致	转第二步
当前软件版本和配置数据与实际需要运行的软件版本和配置数据一致	转第三步

[步骤 2] 通过 LMT 为 NodeB 升级软件和下载数据配置文件，具体方法请参见"（1）升级 NodeB 软件和下载数据配置文件"。

[步骤 3] 检查 NodeB 运行状态，具体方法请参见"（2）检查 NodeB 运行状态"。

[步骤 4] 通过 LMT 检测 NodeB 天馈驻波比。具体方法请参见通过 LMT 检测 NodeB 天馈驻波比。

[步骤 5] 整理调测报告，将调测过程及调测过程中的问题记录在 NodeB 调测记录表中。

（1）升级 NodeB 软件和下载数据配置文件。通过 LMT 下载 NodeB 软件和数据配置文件，并激活基站，NodeB 自动复位，软件和配置数据生效。

值得注意的是，LMT 需登录 NodeB。FTP 服务器必须运行正常，与 NodeB 必须在同一个 Intranet 内，且与 NodeB 连接正常。FTP 服务器与 NodeB 之间没有防火墙。FTP 服务器用户对指定目录有可读权限。在导航树窗口中，单击"MML 命令"页签，在命令执行窗口中执行 MML 命令 LST VER，查询 NodeB 当前软件版本。依据查询的版本情况继续进行的操作如表 3-18 所示。

表 3-18 查询版本后的操作步骤

如果…	则…
当前软件版本与目标软件版本一致	只需下载数据配置文件和确认数据配置文件生效
当前软件版本与目标软件版本不一致	需要下载基站软件包、下载数据配置文件、确认数据配置文件生效和激活基站

[步骤 1] 在导航树窗口中，单击"维护"页签。

[步骤 2] 选择"软件管理→软件升级"，弹出"软件升级"界面。

[步骤 3] 在界面中，选择"基站软件升级"。单击"下一步"按钮，弹出"基站升级信息收集"对话框。

[步骤 4] 依次选中"下载数据配置文件"、"下载基站软件包"、"按配置下载"、"确认数据配置文件生效"和"激活基站"，并设置数据配置文件和基站软件包下载路径。

（2）检查 NodeB 运行状态。检查 NodeB 的运行状态，是为了排除运行中出现的故障，确保 NodeB 正常运行。

① 调测 SNTP。通过调测 SNTP（Simple Network Time Protocol），可以实现各网元间的时间同步，便于集中维护管理。

[步骤 1] 启动 SNTP 服务器。（SNTP 服务器可以在 RNC 侧也可以在 M2000 侧，需要根据具体情况确定。）

[步骤 2] 执行 SET SNTPCLTPARA，设置 SNTP 客户端参数，参数说明如表 3-19 所示。

表 3-19 SNTP 客户端参数

参 数 标 识	参 数 名 称	参 数 说 明
SW	时间同步开关	表示是否进行同步 取值范围：ON（需要同步），OFF（不需要同步） 缺省值：无
IP	SNTP 服务器 IP 地址	取值范围：0.0.0.1～255.255.255.254 缺省值：无
SP	同步周期（分钟）	取值范围：1～525 600 单位：分钟 缺省值：无

[步骤3] 执行 LST SNTPCLTPARA，查询 SNTP 客户端参数。

[步骤4] 执行 LST SNTPCLTLATESTSUCCDATE，查询 SNTP 客户端向 SNTP 服务器最近同步成功的时间，检查同步是否成功。同步操作后根据同步的情况选择操作步骤如表 3-20 所示。

表 3-20　　　　　　　　　　依据同步情况选择的操作步骤

如果…	则…
同步成功	结束调测 SNTP
同步不成功	检查以下项目： （1）SNTP 服务器是否已经启动 （2）NodeB 侧的 IP 地址是否正确 排除故障后执行（2），重新设置

② 检查小区状态。通过查询本地小区和逻辑小区的状态，可以了解当前小区的运行情况，并进行适当的维护操作。

执行 DSP LOCELL，检查 NodeB 所有本地小区和所有逻辑小区的状态。根据小区的故障信息来选择后续操作步骤，如表 3-21 所示。

表 3-21　　　　　　　　　　依据小区的运行情况选择操作步骤

如果…	则…
有故障信息	根据故障提示信息排除本地小区和逻辑小区状态存在的异常情况
无故障信息	操作结束

③ 测量 RTWP。RTWP（Received Total Wideband Power）指在 UTRAN 接入点测得的上行信道带宽内的宽带接收功率。通过 RTWP 测量，可以进行上行射频通道的校准。RTWP 测量对业务没有影响。

RTWP 测量参考标准如下：

如果未接天馈或匹配负载，则 RTWP 的上报值应为-108dBm 左右；如果接入天馈（塔放打开）或匹配负载，则 RTWP 的上报值应为-105dBm 左右。业务正常时，当上行负载达到 75%，RTWP 比无业务时增加约 6dB。

当上报的 RTWP 测量值有效时，显示正常的曲线，坐标轴竖轴对应实际上报的测量值，其单位为 0.1dBm；当上报的 RTWP 测量值无效时，显示异常的曲线，主集测量值是在坐标轴竖轴为-1120（即-112dBm）的水平直线，分集测量值是在坐标轴竖轴为-1115（即-111.5dBm）的水平直线。此时可能是 WRFU\RHUB\RRU 不在位、断链或者通道有问题，请进行排除。

[步骤1] 在"本地维护终端"的导航树窗口中，单击"维护"页签。

[步骤2] 双击"实时特性监测→RTWP 测量"节点，弹出"RTWP 测量"对话框。"RTWP 测量"对话框中参数的具体说明可参见表 3-22RTWP 监测项说明。

[步骤3] 在对话框中输入相应的参数。

[步骤 4] 单击"确定"按钮，弹出新窗口显示当前监测任务图像。

[步骤 5] 停止该测试任务，有以下两种方式：

* 方法一：直接关闭当前监测任务显示窗口，停止当前窗口中所显示的所有监测任务；
* 方法二：在监测任务列表区域中单击右键，选择快捷菜单"删除任务"，同时该任务显示的图形曲线也会一并删除。

RTWP 监测结果项如表 3-22 所示。

表 3-22　　　　　　　　　　　　　　　RTWP 监测项说明

监测项名称	监测项解释
0 号载波，Rx 接收中心频点号	第 0 号载波，上行接收方向频率的中心频点，以 0.2M 为单位
0 号载波主集天线 RTWP（0.1dBm）	第 0 号载波，上行接收主集的 RTWP 值
0 号载波分集天线 RTWP（0.1dBm）	第 0 号载波，上行接收分集的 RTWP 值
1 号载波，Rx 接收中心频点号	第 1 号载波，上行接收方向频率的中心频点，以 0.2M 为单位
1 号载波主集天线 RTWP（0.1dBm）	第 1 号载波，上行接收主集的 RTWP 值
1 号载波分集天线 RTWP（0.1dBm）	第 1 号载波，上行接收分集的 RTWP 值
2 号载波，Rx 接收中心频点号	第 2 号载波，上行接收方向频率的中心频点，以 0.2M 为单位
2 号载波主集天线 RTWP（0.1dBm）	第 2 号载波，上行接收主集的 RTWP 值
2 号载波分集天线 RTWP（0.1dBm）	第 2 号载波，上行接收分集的 RTWP 值
3 号载波，Rx 接收中心频点号	第 3 号载波，上行接收方向频率的中心频点，以 0.2M 为单位
3 号载波主集天线 RTWP（0.1dBm）	第 3 号载波，上行接收主集的 RTWP 值
3 号载波分集天线 RTWP（0.1dBm）	第 3 号载波，上行接收分集的 RTWP 值

④ 监测 NodeB 输出功率。通过监测 NodeB 的输出功率，可以直观地了解 NodeB 的功率输出情况，包括典型输出功率和各载波输出功率。

该任务启动后，系统将按照设置的时间间隔周期上报检测到的典型功率和各载波功率。

NodeB 的输出功率与配置以及具体的业务相关。如果配置了导频功率和典型功率，当 NodeB 不承载业务时，WRFU、RRU 输出功率应该与导频功率加 3dBm 差不多。如果明显低于导频功率，则表明 NodeB 输出功率异常。

WRFU、RRU 导频功率可以配置为 33dBm，典型功率配置为 43dBm。

[步骤 1] 在"本地维护终端"的导航树窗口中，单击"维护"页签。

[步骤 2] 双击"实时特性监测→输出功率监测"节点，弹出"输出功率监测"对话框。"输出功率监测"对话框中参数的具体说明，参见表 3-23 输出功率监测项说明。

[步骤 3] 在对话框中输入相应的参数。

[步骤 4] 单击"确定"按钮，弹出新窗口显示当前监测任务图像。

[步骤 5] 停止该测试任务，有以下两种方式：

* 方法一：直接关闭当前监测任务显示窗口，停止当前窗口中所显示的所有监测任务；

● 方法二：在监测任务列表区域中单击右键，选择快捷菜单"删除任务"，同时该任务显示的图形曲线也会一并删除。

输出功率监测结果项如表 3-23 所示。

表 3-23　　　　　　　　　　　　　　　输出功率监测项说明

监测项名称	监测项解释
载波输出功率 （载波所属通道编号：X；载波编号：Y；单位：0.1dBm）	X 号通道 Y 号载波的输出功率值 载波输出功率为实际 RRU 的输出功率
通道输出功率 （通道编号：X；单位：0.1dBm）	射频单元对应 X 号通道的典型输出功率值 通道输出功率为理想情况下的输出功率，也就是理论上的输出功率

⑤ 处理 NodeB 告警。查询 NodeB 是否存在活动告警，并尽可能排除告警。

[步骤 1] 执行 LST ALMAF，查询当前活动告警。

[步骤 2] 处理 NodeB 告警。

处理 NodeB 告警，依据告警情况选择的步骤如表 3-24 所示。

表 3-24　　　　　　　　　　　　　　依据告警情况选择的步骤

如果…	则…
存在 NodeB 活动告警	根据活动告警帮助信息排除告警
存在不能排除的 NodeB 告警	请记录到 NodeB 调测记录表

⑥ 通过 LMT 检测 NodeB 天馈驻波比。电压驻波比简称驻波比，通常用来作为判断天馈系统安装正常的标准。

驻波比过大将缩短信号的传输距离，减小覆盖范围，影响通信系统的正常工作。正常的驻波比范围为：1～2.0，当驻波比小于 1.5 时状态较优。

检测驻波比将中断基站的正常业务，建议在基站业务空闲时或做好业务隔离工作后进行该操作。

在多模基站对共模的射频模块启动驻波测试，或者对不同制式共天馈的射频模块启动驻波测试，将造成本端及对端制式的业务中断。

执行 STR VSWRTEST，检测 NodeB 天馈驻波比。

（八）通信网管系统简介

金戈大通综合网络管理系统是一款功能实用的 3G 通信实训教学软件系统。该实训软件提供一种通用的、开放的、可扩展的框架体系，向用户提供最大的选择范围。系统采用 C/S 模式，将 NodeB、RNC、核心网等设备控制软件集成为一个网络数据业务协同工作环境平台。其中，服务器端的主要功能是为客户端启动设备控制软件提供服务和控制功能。服务器端主要通过设备管理与控制、用户管理与控制、实训案例管理与控制等主要功能模块，总体上监管整个实训过程，最终达到提高学生实践技能的目的。系统组成结构如图 3-20 所示。

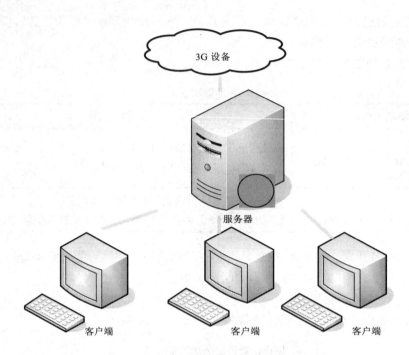

图 3-20　金戈大通综合网络管理系统组成

　　在系统的服务器端，管理员可以根据需求启动相应的设备服务，并控制客户端设备管理软件的启动。客户端如果使用正确的用户名及密码登录服务器，服务器端软件的用户列表将实时显示在线用户信息，并能对用户进行授权控制，只有经过授权的用户能通过设备管理软件控制设备。服务器端既可以手动对每一个在线用户进行授权，也可以根据客户端提交申请的顺序将在线客户端进行排队，根据指定的时间间隔自动分配权限。系统启动后主界面如图 3-21 所示。

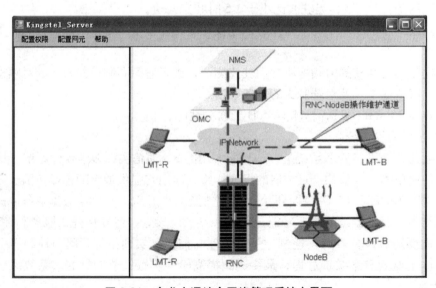

图 3-21　金戈大通综合网络管理系统主界面

1. 网管服务器操作说明

（1）服务器软件界面。安装好本软件的服务器端程序后，点击桌面的"综合通信网络实训管理平台服务器.exe"，服务器主界面如图 3-22 所示。

图 3-22　综合通信网络实训管理平台服务器主界面

服务器界面列表说明，服务器界面上显示有激活网元、授权用户、在线用户 3 个列表：

- 在线用户列表列出的是客户端登录的用户信息；
- 授权用户列出的允许客户端操作网元的客户端用户；
- 激活网元列表内列出的是服务器激活客户端用户允许操作的网元。

界面下端显示的服务器 IP 为运行服务器的 IP 地址，客户端将利用这个 IP 登录服务器。

（2）用户管理。点击配置权限下拉菜单中的用户管理，将弹出身份验证框，如图 3-23 所示。

图 3-23　综合通信网络管理平台身份验证框

管理员默认密码为 admin，输入密码则进入用户管理界面，如图 3-24 所示。

在此界面中可以很方便地对用户数据进行增删改查，另点击更改管理员密码按钮，将弹出管理员密码修改框，如图 3-25 所示。

（3）网元设置。

① 新增网元类型。执行"配置网元→网元类型管理→添加网元类型"命令，弹出添加品牌界面，添加厂家品牌为"华为"的网元类型，如图 3-26 所示。

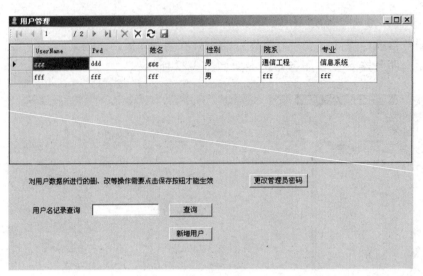

图 3-24　综合通信网络实训管理平台用户管理窗口

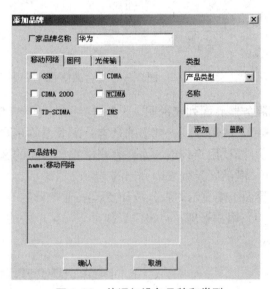

图 3-26　待添加设备品牌和类型

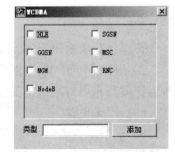

图 3-25　综合通信网络实训管理平台
　　　　　管理员密码修改框

选择移动网络中的 WCDMA，弹出网元选择界面，如图 3-27 所示。

选中 RNC 与 NodeB 网元，然后关闭该窗口，系统自动返回添加品牌界面，并显示操作的结构描述，选择"确定"按钮，依次点选华为品牌→移动网络→WCDMA→RNC 及 NodeB，结构添加成功，如图 3-28 所示。

② 新增网元。点击主页面的"网元管理→新增网元"，弹出新增网元界面，增加华为→移动网络→WCDMA→RNC 以及 NodeB 两个网元，RNC 网元的 IP 地址为 192.168.255.7、NodeB 网元的 IP 地址为 192.168.255.8，RNC 需要选中 IE 启

图 3-27　网元选择界面

动，如图 3-29 所示。

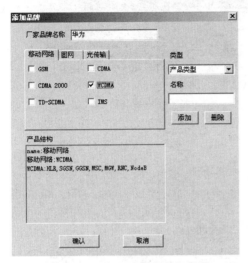

图 3-28 已添加设备品牌和类型

图 3-29 添加网元信息

③ 修改网元信息。点击"配置网元→修改网元"，将弹出下拉框，点击修改网元信息按钮，则弹出修改界面，对其中的网元信息进行修改，如图 3-30 所示。

④ 网元分配。点击"配置网元→配置网元"，则弹出网元分配界面，如图 3-31 所示。

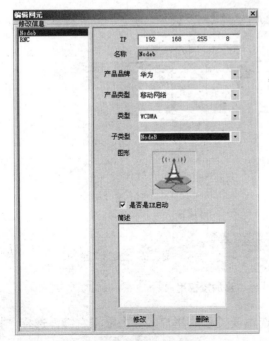

图 3-30 编辑网元窗口

图 3-31 网元分配窗口

选中网元列表中最左端的选择框，点击"确认"按钮，则选中网元被激活，被激活网元将在主界面的激活网元列表中显示，被激活网元可以分配给客户端登录用户操作，如图 3-32 所示。

图 3-32　服务器平台中激活网元列表

（4）用户授权。

① 选择授权用户。在在线用户列表中选择要授权的用户，点击 ‹ 或者 « 按钮，选择的用户信息将会加入到授权用户列表中，如图 3-33 所示。

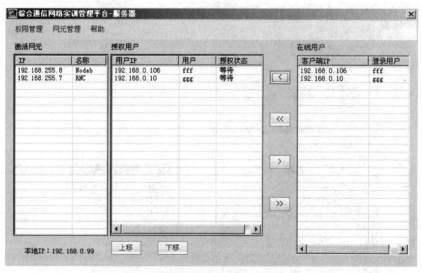

图 3-33　服务器平台中添加授权用户

② 单个用户授权。在授权用户列表中选中要授权的用户，点击鼠标右键，选择"授权"，如图 3-34 所示。

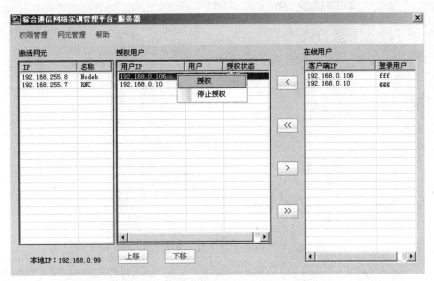

图 3-34　服务器平台中为用户授权

点击授权后，显示界面如图 3-35 所示。

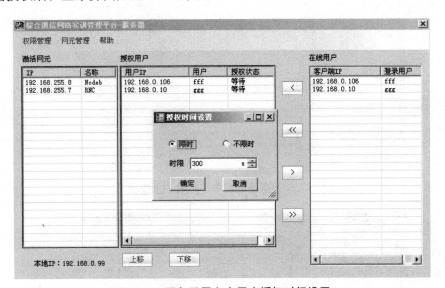

图 3-35　服务器平台中用户授权时间设置

选中"限时"按钮，授权用户列表用的授权用户的授权状态将会进行改变，授权状态将会显示授权的剩余时间，如图 3-36 所示。

如果选择"不限时"，授权用户列表中的授权用户的授权状态显示将不限时，如图 3-37 所示。

③ 列队授权。选择"配置权限"中的"列队授权"，将会弹出列队授权的界面，选择列队授权时间以及开始的用户，当第一个用户授权时间结束时，系统会自动从下一位用户用户授权。以此往下循环。如图 3-38 所示。

图 3-36　服务器平台中显示剩余授权时间

图 3-37　服务器平台中不限时的授权状态

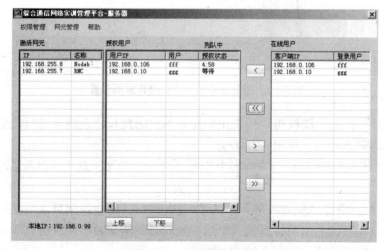

图 3-38　队列授权状态

④ 分组授权。点击"配置权限"中的"分组授权",将会弹出分组授权的界面,点击"分组"按钮,分组列表中,系统将会自动将用户进行分组,如图 3-39 所示。

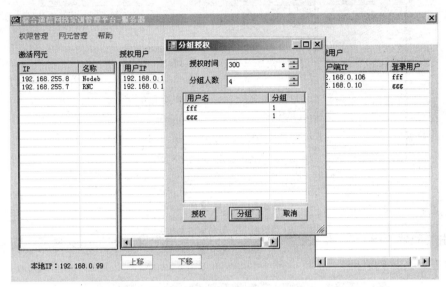

图 3-39 分组授权状态

点击"授权"按钮,授权列表中的授权用户的授权状态将会显示用户所在的组以及授权的时间,如图 3-40 所示。

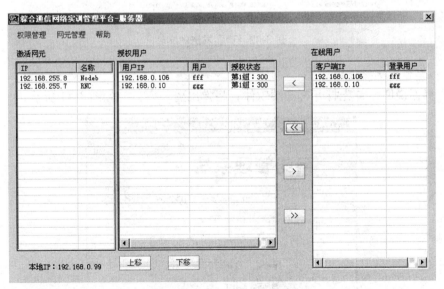

图 3-40 分组授权及组状态

(5)文件管理。点击"配置权限→工具→允许发送文件",客户端将会有发送文件到服务器端的权限。

点击"配置权限→工具→发送文件",可以发送文件给指定的用户,如图 3-41 所示。

119

图 3-41　文件发送窗口

点击"配置权限→工具→文件管理",可以查看用户发送的文件以及文件的操作,如图 3-42 所示。

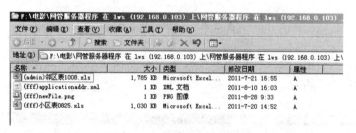

图 3-42　查看发送的文件

2. 网管客户端操作说明

(1) 界面说明。首先打开客户端软件,将弹出登录窗口,如图 3-43 所示。

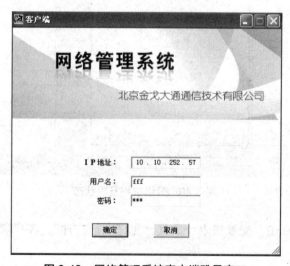

图 3-43　网络管理系统客户端登录窗口

输入服务器 IP 地址、用户的用户名与密码，点击"确定"按钮，弹出客户端窗口，如图 3-44 所示。

图 3-44　网络管理系统客户端操作窗口

（2）操作说明。用户可以从设备库中将设备拖入设备拓扑图，选中设备库中的设备，选中之后将设备拖入设备拓扑图中，如图 3-45 所示。

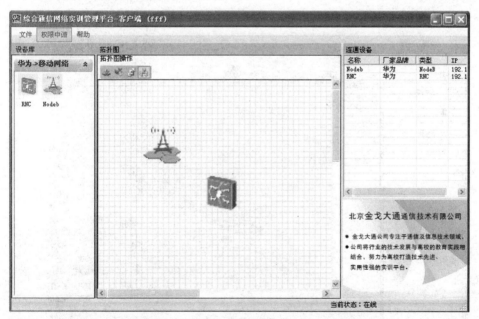

图 3-45　在客户端操作窗口中添加设备

选择█，进行设备间的连线，用户点击拓扑图中的某个设备进行拖动，如果释放鼠标后的地方有设备，设备之间将会自动连线。如果两个设备间不能连接，系统将会提示，如图 3-46 所示。

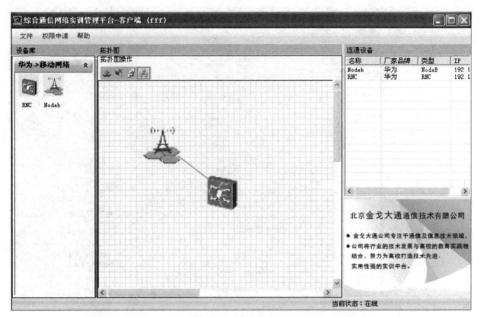

图 3-46　在客户端操作窗口中连接设备

在拓扑图中的某个设备上点击鼠标右键，将该从拓扑图中删除或查看该设备的属性，如果设备上有连线，系统将会提示，点击"确定"后，次设备的连线也将删除，如图 3-47 所示。

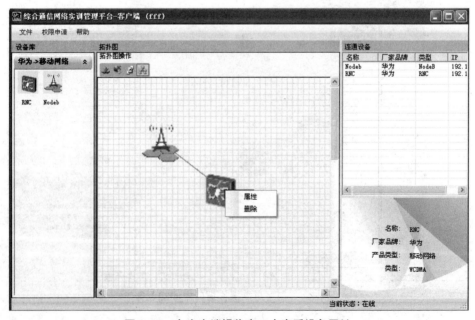

图 3-47　在客户端操作窗口中查看设备属性

如果用户获得操作设备权限，系统将会在系统底部状态栏提示用户获得授权，并且将会显示用户获得授权的时间，如图 3-48 所示。

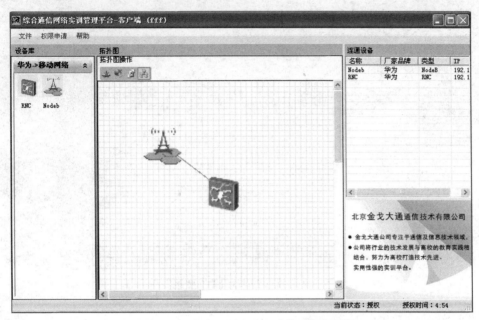

图 3-48　在客户端操作窗口中查看授权时间

双击拓扑图中的 NodeB，启动控制这个设备的程序，如图 3-49 所示。

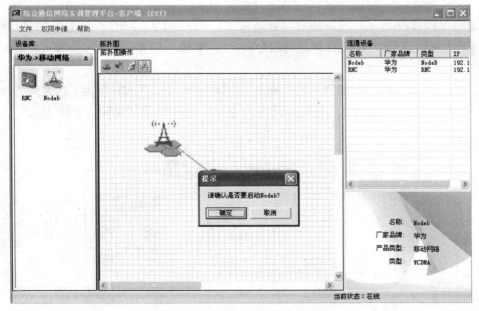

图 3-49　确认登录到 NodeB 设备

用户授权后，点击"确定"按钮，系统自动跳转到华为 NodeB 本地维护终端，如图 3-50 所示。

图 3-50　跳转到华为 LMT 登录界面

（九）RNC 信号流

1. RNC 控制平面信号流

RNC 控制平面完成 Uu 接口控制面消息和 Iub/Iur/Iu 接口控制面消息的处理。在 RNC 内部，所有控制平面消息都终结于 SPUa 单板。

（1）Uu 接口控制消息。Uu 接口控制消息就是 RRC 消息。RRC 消息是指在 UE 需要接入网络时或通信过程中和 RNC 交互的信令消息，UE 进行位置更新或呼叫等过程时都会产生 RRC 消息。

① RNC 内 Uu 接口控制消息信号流。当由同一个 RNC 为 UE 提供无线资源管理和无线链路时，Uu 接口控制消息的流向如图 3-51 所示（图中信号流 1 和信号流 2）。

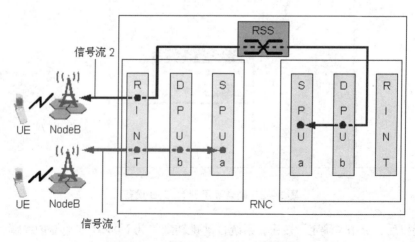

图 3-51　RNC 内 Uu 接口控制消息

图 3-51 中, RINT 为 Iu/Iur/Iub 接口板的统称, 根据不同的接口和组网需求可以选用不同的接口板。

图 3-51 中, RSS 插框内 ⊐⊂ 符号表示 RSS 插框的交换单元。

过程描述如下:

在上行方向, 从 UE 发来的 RRC 消息, 在 NodeB 物理层进行处理后, 通过 Iub 接口到达 RNC 的 Iub 接口板 RINT。

这些消息在 RINT 单板进行处理后, 到达 DPUb 单板, 如信号流 1 所示。

如果接收 RRC 消息的 Iub 接口板和处理该 RRC 消息的 SPUa 单板不在同一个插框内, 则该消息需要经过 RSS 插框进行交换, 然后到达相应的 DPUb 单板, 如信号流 2 所示。

消息经过 DPUb 单板的 FP、MDC、MAC、RLC 等处理后, 终结在 SPUa 单板。

下行方向反之。

② RNC 间 Uu 接口控制消息信号流。当分别由 SRNC 和 DRNC 为 UE 提供无线资源管理和无线链路时, Uu 接口控制消息的流向如图 3-52 所示。

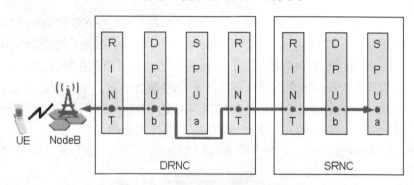

图 3-52 RNC 间 Uu 接口控制消息

图 3-52 中, RINT 为 Iu/Iur/Iub 接口板的统称, 根据不同的接口和组网需求可以选用不同的接口板。

过程描述如下:

在上行方向, 来自 UE 的 RRC 消息在 NodeB 物理层进行处理后, 通过 Iub 接口到达 DRNC 的 Iub 接口板 RINT。这些消息经过 DRNC 的 Iub 接口板、DPUb 单板处理后, 到达 DRNC 的 Iur 接口板 RINT。消息经过 DRNC 的 Iur 接口板处理后, 通过 DRNC 与 SRNC 之间的 Iur 接口到达 SRNC 的 Iur 接口板 RINT。SRNC 的 Iur 接口板对来自 DRNC 的消息进行处理, 然后将消息发送到 DPUb 单板。消息经过 DPUb 单板的 FP、MDC、MAC、RLC 等处理后, 终结在 SPUa 单板。下行方向反之。

(2) Iub 接口控制消息。Iub 接口控制消息是 RNC 与 NodeB 之间的控制面消息。

Iub 接口控制消息的流向如图 3-53 所示。

图 3-53 中, RINT 为 Iu/Iur/Iub 接口板的统称, 根据不同的接口和组网需求可以选用不同的接口板。

图 3-53 中, RSS 插框内 ⊐⊂ 符号表示 RSS 插框的交换单元。

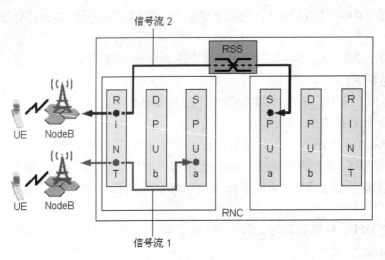

图 3-53　Iub 接口控制消息

过程描述如下：

在上行方向，来自 NodeB 的控制面消息通过 Iub 接口到达 RNC 的 Iub 接口板 RINT。
经过 Iub 接口板处理后，终结在 SPUa 单板，如信号流 1 所示。如果处理控制面消息的 SPUa
单板与 RNC 的 Iub 接口板 RINT 不在同一个插框，则控制面消息在到达 Iub 接口板后，将
通过 RSS 插框到达处理此消息的 SPUa 单板，如信号流 2 所示。下行方向反之。

（3）Iu/Iur 接口控制消息。Iu/Iur 接口控制消息是 RNC 与 MSC（R4/R5/R6/R7 组网下
分为 MGW 和 MSC Server）/SGSN/其他 RNC 之间的控制面消息。

Iu/Iur 接口控制消息的流向如图 3-54 所示（图中信号流 1、信号流 2 和信号流 3）。

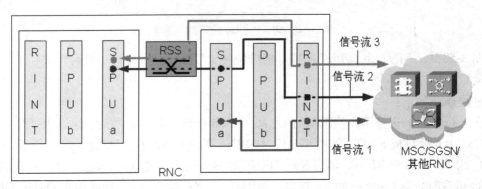

图 3-54　Iu/Iur 接口控制消息

图 3-54 中，RINT 为 Iu/Iur/Iub 接口板的统称，根据不同的接口和组网需求可以选用不
同的接口板。

图 3-54 中，RSS 插框内 ⊃⊂ 符号表示 RSS 插框的交换单元。

过程描述如下：

在下行方向，来自 MSC/SGSN/其他 RNC 的控制面消息通过 Iu/Iur 接口到达 RNC 的
Iu/Iur 接口板 RINT。如信号流 1 所示，这些消息经过 Iu/Iur 接口板处理后，在本框 SPUa

单板处理。如信号流 2 所示，这些消息经过 Iu/Iur 接口板处理后，先在本框 SPUa 单板处理，然后再通过 RSS 插框到达另一插框的 SPUa 单板进行处理。如信号流 3 所示，这些消息经过 Iu/Iur 接口板处理后，直接通过 RSS 插框到达另一插框的 SPUa 单板进行处理。上行方向反之。

2. RNC 用户平面信号流

RNC 用户平面完成 Uu 接口用户面消息和 Iub/Iur/Iu 接口用户面消息的处理。

（1）Iub 与 Iu-CS/Iu-PS 接口间的数据流。Iub 与 Iu-CS/Iu-PS 接口间的数据是 RNC 与 MSC（R4/R5/R6/R7 组网下分为 MGW 和 MSC Server）/SGSN 之间的用户面数据。

Iub 与 Iu-CS/Iu-PS 接口间的数据可以分为：RNC 内 Iub 与 Iu-CS/Iu-PS 数据和 RNC 间 Iub 与 Iu-CS/Iu-PS 数据。

① RNC 内 Iub 与 Iu-CS/Iu-PS 数据。RNC 内 Iub 与 Iu-CS/Iu-PS 数据是指接收 Iub 数据的 RNC 与 MSC/SGSN 直接建立 Iu-CS/Iu-PS 连接来进行数据传输，数据流向如图 3-55 所示（数据流 1 和数据流 2）。

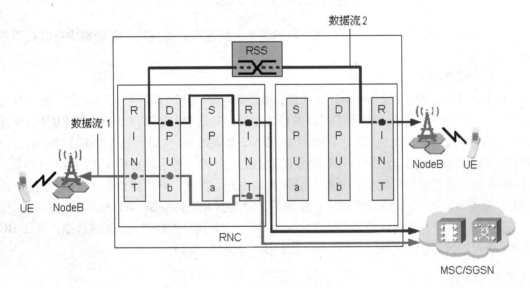

图 3-55　RNC 内 Iub 与 Iu-CS/Iu-PS 数据

图 3-55 中，RINT 为 Iu/Iur/Iub 接口板的统称，根据不同的接口和组网需求可以选用不同的接口板。

图 3-55 中，RSS 插框内 ⊃⊂ 符号表示 RSS 插框的交换单元。

过程描述如下：

在上行方向，数据经过 NodeB 处理后，通过 Iub 接口到达 Iub 接口板 RINT。这些数据在 Iub 接口板单板进行处理后，到达相应的 DPUb 单板，如数据流 1 所示。如果接收数据的 Iub 接口板单板和处理用户面数据的 DPUb 单板不在同一个插框内，则该数据将通过 RSS 插框交换后，到达相应的 DPUb 单板，如数据流 2 所示。DPUb 单板对 CS 数据进行 FP、MDC、MAC、RLC、Iu UP、RTP 等处理，对 PS 数据进行 FP、MDC、MAC、RLC、PDCP/GTP-U 等处理，分离出 CS/PS 域用户面数据，并发送到 Iu-CS/Iu-PS 接口板 RINT。Iu-CS/Iu-PS 接

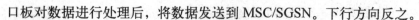

口板对数据进行处理后，将数据发送到 MSC/SGSN。下行方向反之。

② RNC 间 Iub 与 Iu-CS/Iu-PS 数据。RNC 间 Iub 与 Iu-CS/Iu-PS 数据是指接收 Iub 数据的 RNC 需要通过其他 RNC 与 MSC/SGSN 建立连接来进行数据传输。数据从 DRNC（Drift RNC）到 SRNC（Serving RNC）的数据流向如图 3-56 所示。

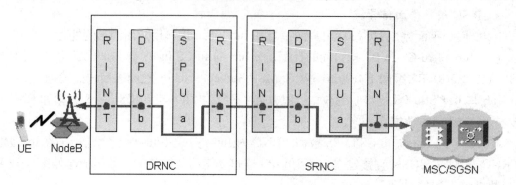

图 3-56　RNC 间 Iub 与 Iu-CS/Iu-PS 数据

图 3-56 中，RINT 为 Iu/Iur/Iub 接口板的统称，根据不同的接口和组网需求可以选用不同的接口板。

过程描述如下：

在上行方向，数据经过 NodeB 处理后，通过 Iub 接口到达 DRNC 的 Iub 接口板 RINT。数据经过 DRNC 的 Iub 接口板和 DPUb 单板处理后，到达 DRNC 的 Iur 接口板 RINT。经过 DRNC 的 Iur 接口板处理后，通过 DRNC 与 SRNC 之间的 Iur 接口到达 SRNC 的 Iur 接口板 RINT。SRNC 的 Iur 接口板对来自 DRNC 的数据进行处理，然后将数据发送到 DPUb 单板。DPUb 单板对数据进行处理后，分离出 CS/PS 域用户面数据，并发送到 Iu-CS/Iu-PS 接口板 RINT。Iu-CS/Iu-PS 接口板对数据进行处理后，将数据发送到 MSC/SGSN。下行方向反之。

（2）从 Iu-BC 到 Iub 接口的数据流。从 Iu-BC 到 Iub 接口的数据为广播域数据。从 Iu-BC 到 Iub 接口的数据流向如图 3-57 所示（数据流 1 和数据流 2）。

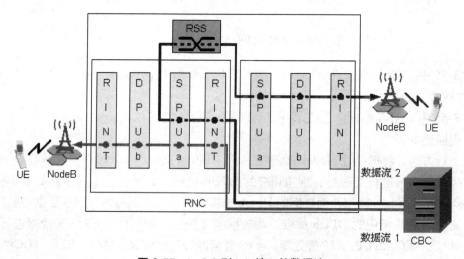

图 3-57　Iu-BC 到 Iub 接口的数据流

图 3-57 中，RINT 为 Iu/Iur/Iub 接口板的统称，根据不同的接口和组网需求可以选用不同的接口板。

图 3-57 中，RSS 插框内 ⊃⊂ 符号表示 RSS 插框的交换单元。

过程描述如下：

从 CBC（Cell Broadcast Center）下发的广播数据通过 Iu-BC 接口到达 RNC 的 Iu-BC 接口板 RINT。这些数据经过 Iu-BC 接口板处理后，到达 SPUa 单板。SPUa 单板对 SABP（Service Area Broadcast Protocol）协议进行处理，并将数据发送给相应的 DPUb 单板，如数据流 1 所示。如果下发广播数据的 Iub 接口板和 Iu-BC 接口板不在一个插框内，则该数据将通过 RSS 插框交换后，发送给下发广播数据的 Iub 接口板所在插框的 SPUa 单板进行处理，然后到达相应的 DPUb 单板，如数据流 2 所示。DPUb 单板对数据进行 BMC、RLC、MAC 等处理后，发送给 Iub 接口板 RINT。Iub 接口板对数据进行处理后，将数据发送到 NodeB。NodeB 在其下的小区中向 UE 进行数据广播。

三、任务操作指南

任务 1　LMT 及 MML 命令操作

（一）实训环境描述

本实训环境中，NodeB 设备采用的是华为公司生产的型号为 DBS3900 的设备。LMT 设备也是华为公司生产的 NodeB LMT 系统。该套 LMT 系统通过金戈大通综合网络管理系统连接于教学局域网，学生可通过这个局域网的网管系统访问 NodeB LMT，从而对 NodeB 设备进行操作。网管实训软硬件如图 3-58 所示。

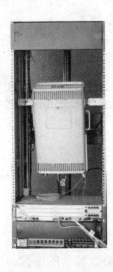

图 3-58　网管实训软硬件

（二）操作指南

1. 启动 LMT

（1）首先打开客户端软件，将弹出登录窗口。

（2）输入服务器 IP 地址、用户名与密码，点击"确定"按钮，弹出客户端窗口。

（3）如果用户已经获得操作设备权限，系统将会在系统底部状态栏提示用户获得授权，并且将会显示用户获得授权的时间。

（4）双击拓扑图中的 NodeB，启动控制这个设备的程序。

（5）用户授权后，点击"确定"按钮，系统自动跳转到华为 NodeB 本地维护终端，如图 3-59 所示。

（6）输入用户名和密码，进入 LMT 操作界面。

（7）在"本地维护终端"界面，将"查看→命令行窗口"设置为选中状态，显示 MML 命令行客户端界面，如图 3-60 所示。

图 3-59　华为本地终端登录窗口

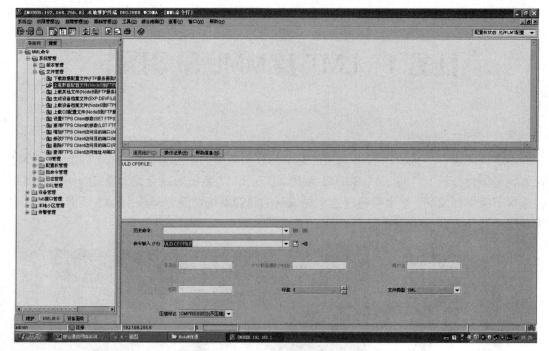

图 3-60　华为本地终端界面窗口

2. 练习 NodeB MML 命令操作

了解 LMT 命令架构，并选择下列 LMT 命令的一部分进行练习，为后续任务打基础。（具体命令，参见任务学习指南。）

（1）在"命令输入"框输入 MML 命令。

① 在"命令输入"框输入一条命令。

② 按"ENTER"键或单击鼠标右键。命令参数区域将显示该命令包含的参数。

在命令参数区域输入参数值。

按"F9"键或单击鼠标右键，执行该命令。由"通用维护"显示窗口返回执行结果。

（2）练习与 NodeB 开通相关的 MML 命令。按照上述操作方法进行如下 MML 命令的操作：SET SNTPCLTPARA、LST SNTPCLTPARA、LST LATESTSUCCDATE、DSP LOCELL、LST ALMAF、STR VSWRTEST 等。

任务 2　NodeB 开通调测

（一）实训环境描述

本实训环境中，3G 实训网络采用的是华为公司生产的设备，包括核心网络和无线接入网部分。其中，NodeB 设备采用的是华为公司生产的型号为 DBS3900 的设备。

实训机房网络及设备情况如图 3-61 所示。

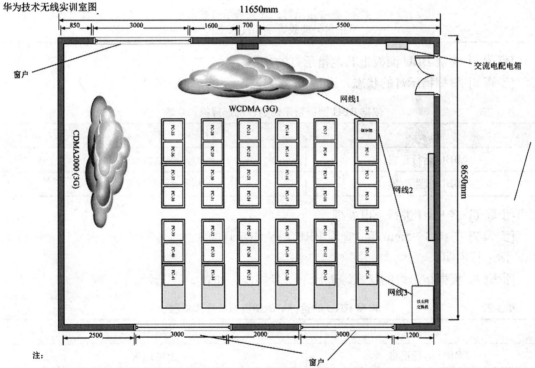

注：

1. 图中网线1：服务器4网卡中的一个网口连接MSC中的交换机，网段为192.168.255。

2. 图中网线2：服务器自带的网口连接教室的交换机，网段为10.10.252。

3. 图中网线3：教室所有PC机连接教室的交换机。

4. 图中PC机的IP为10.10.252网段和每台PC机的名称编号，如图中PC-1的IP为10.10.252.1、PC-2的IP为10.10.252.2。

图 3-61　实训机房网络及设备

（二）操作指南

1. NodeB 上电检查

[步骤 1] 将给 BBU 供电的外部供电设备对应的空开开关置为"ON"。

[步骤 2] 将 BBU 的电源开关置为"ON"。

[步骤 3] 查看 BBU 面板上"RUN"、"ALM"和"ACT"三个指示灯的状态，根据指示灯的状态进行下一步操作，如表 3-25 所示。

表 3-25　　　　　　　　　　依据 BBU 面板指示灯情况选择操作步骤

如果…	则…
"RUN" 1s 亮 1s 灭 "ALM"亮 1s 后常灭 "ACT"常亮	指示灯显示正常，单板开始运行，转步骤 4
"RUN"常亮 "ALM"常亮 "ACT"常灭	指示灯显示不正常，可采取以下措施排除故障： ① 确认电源线已紧密连接 ② 复位单板 ③ 拔下单板检查插针是否有损坏。如果插针有损坏则更换单板；如果插针无损坏则重新安装单板 ④ 查看指示灯，如果指示灯显示正常，转步骤 4；如果指示灯显示不正常，请联系华为技术支持

[步骤 4] 查看 BBU 面板上其他指示灯的状态。

[步骤 5] 根据指示灯的状态，进行下一步操作，如表 3-26 所示。

表 3-26　　　　　　　　　　依据 BBU 面板指示灯的情况选择操作步骤

如果…	则…
BBU 运行正常	上电结束
BBU 发生故障	排除故障后转步骤 1

[步骤 6] 将 RRU 进行上电处理。

[步骤 7] 等待 3～5min 后，查看 RRU 模块指示灯的状态，各种状态的含义请参见后续 RRU 指示灯说明。

[步骤 8] 根据指示灯的状态，进行下一步操作，如表 3-27 所示。

表 3-27　　　　　　　　　　依据 RRU 的运行灯的情况选择操作步骤

如果…	则…
RRU 运行正常	上电结束
RRU 发生故障	排除故障后转步骤 1

2. 检查数据一致性

[步骤 1] 执行 CHK DATA 命令，根据 NodeB 当前软件版本和数据配置的情况，选择不同的操作步骤，如图 3-62 所示。

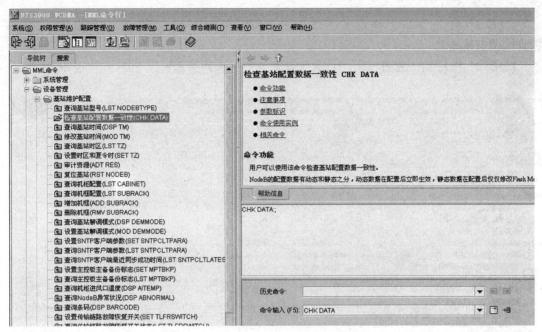

图 3-62　输入 CHK DATA 命令

如果当前软件版本和配置数据与实际需要运行的软件版本和配置数据不一致，则转步骤 2；如果当前软件版本和配置数据与实际需要运行的软件版本和配置数据一致，则转步骤 3。

[步骤 2] 通过 LMT 为 NodeB 升级软件和下载数据配置文件。下载数据配置文件使用的 MML 命令是：DLD CFGFILE。例如，数据配置文件路径为 C:\bak\20040115，FTP 服务器 IP 地址为 10.121.11.10，FTP 服务器用户名为 admin，FTP 服务器用户密码为 admin，则下载命令为

DLD CFGFILE: DIR="C:\bak\20040115", IP="10.121.11.10", USR="admin", PWD="*****";

如图 3-63 所示。

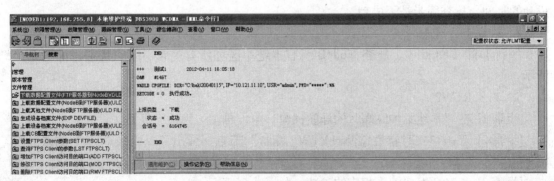

图 3-63　执行 DLD CFGFILE 命令

[步骤 3] 检查 NodeB 运行状态（见下面各项操作）。

3. 调测 SNTP

[步骤1] 启动 SNTP 服务器（SNTP 服务器可以在 RNC 侧也可以在 M2000 侧，需要根据具体情况确定）。

[步骤2] 执行 SET SNTPCLTPARA，设置 SNTP 客户端参数，如图 3-64 所示。

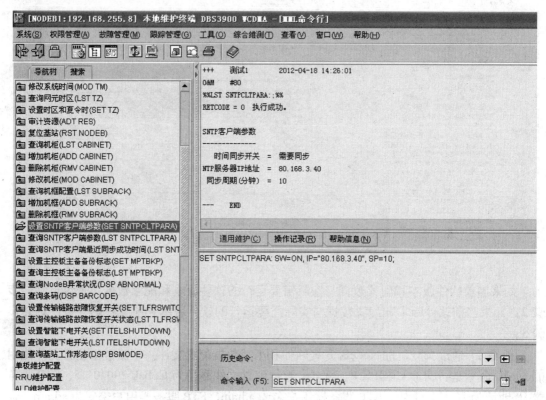

图 3-64　执行 SET SNTPCLTPARA 命令

[步骤3] 执行 LST SNTPCLTPARA，查询 SNTP 客户端参数。

[步骤4] 执行 LST LATESTSUCCDATE，查询 SNTP 客户端向 SNTP 服务器最近同步成功的时间，检查同步是否成功。

4. 检查小区状态

执行 DSP LOCELL，检查 NodeB 所有本地小区和所有逻辑小区的状态，如图 3-65 所示。

5. 测量 RTWP

[步骤1] 在"本地维护终端"的导航树窗口中，单击"维护"页签。

[步骤2] 双击"实时特性监测→RTWP 测量"节点，弹出"单板级 RTWP 测量"对话框。

[步骤3] 在对话框中输入相应的参数，如图 3-66 所示。

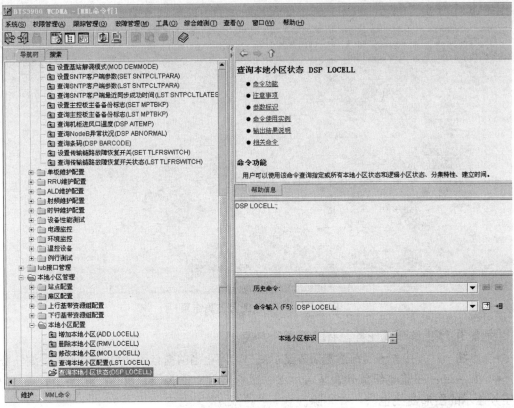

图 3-65　执行 DSP LOCELL 命令

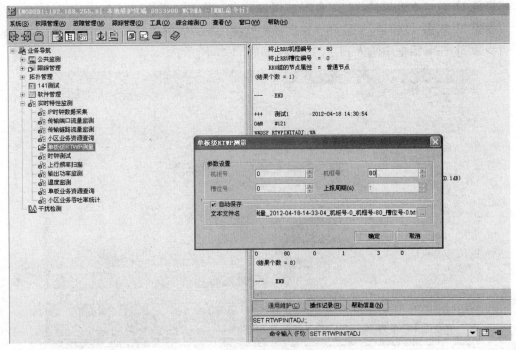

图 3-66　RTWP 测量

[步骤 4] 单击"确定"按钮，弹出新窗口显示当前监测任务图像，如图 3-67 所示。

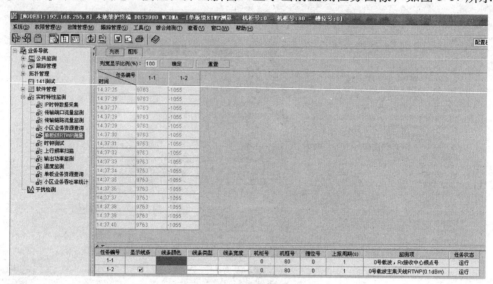

图 3-67　RTWP 测量监测结果

[步骤 5] 停止该测试任务，有以下两种方式：

● 方法一：直接关闭当前监测任务显示窗口，停止当前窗口中所显示的所有监测任务；

● 方法二：在监测任务列表区域中单击鼠标右键，选择快捷菜单"删除任务"，同时该任务显示的图形曲线也会一并删除。

6. 监测 NodeB 输出功率

[步骤 1] 在"本地维护终端"的导航树窗口中，单击"维护"页签。

[步骤 2] 双击"实时特性监测→输出功率监测"节点，弹出"输出功率监测"对话框。

[步骤 3] 在对话框中输入相应的参数，如图 3-68 所示。

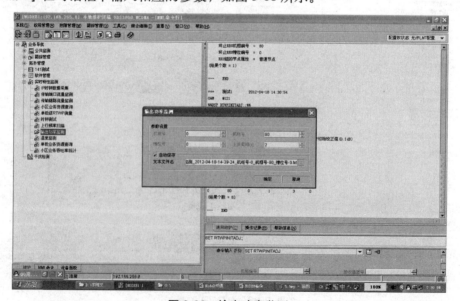

图 3-68　输出功率监测

[步骤 4] 单击"确定"按钮，弹出新窗口显示当前监测任务图像，如图 3-69 所示。

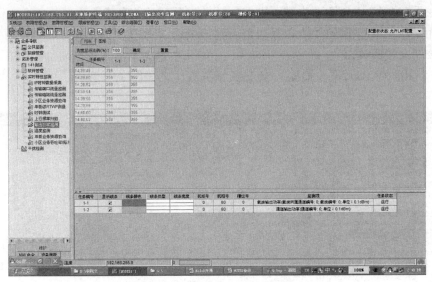

图 3-69　输出功率监测结果

[步骤 5] 停止该测试任务，有以下两种方式：

- 方法一：直接关闭当前监测任务显示窗口，停止当前窗口中所显示的所有监测任务；
- 方法二：在监测任务列表区域中单击鼠标右键，选择快捷菜单"删除任务"，同时该任务显示的图形曲线也会一并删除。

7. 处理 NodeB 告警

[步骤 1] 执行 LST ALMAF，查询当前活动告警，如图 3-70 所示。

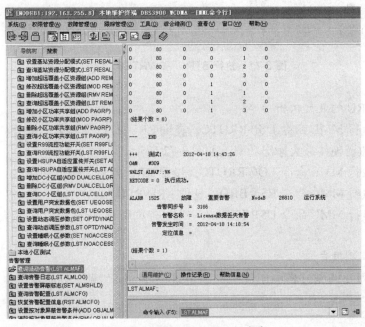

图 3-70　执行 LST ALMAF 命令

[步骤 2] 处理 NodeB 告警。

① 如果存在 NodeB 活动告警，则根据活动告警帮助信息排除告警。

② 如果存在不能排除的 NodeB 告警，则记录到 NodeB 调测记录表。

8. 检测天馈驻波比

执行 STR VSWRTEST，检测 NodeB 天馈驻波比，如图 3-71 所示。

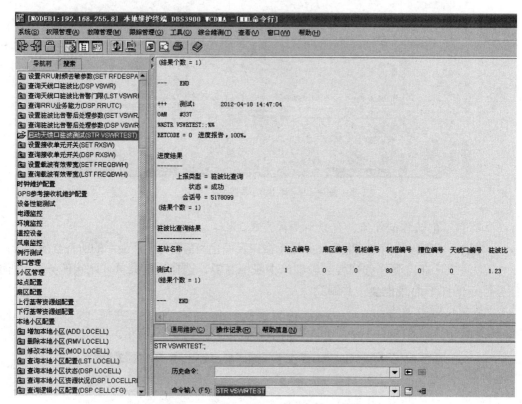

图 3-71　执行 STR　VSWRTEST 命令

9. 设置 RRU 的最大输出功率

[步骤 1] 执行 MML 命令 DSP RRUTC，查询 RRU/RFU 的柜号、框号、槽号、发射通道号以及发射通道硬件最大输出功率，如图 3-72 所示。

[步骤 2] 执行 MML 命令 LOC RRUTC，设置 RRU 的最大输出功率。

[步骤 3] 执行 MML 命令 RST BRD，复位 RRU/RFU。

[步骤 4] 执行 MML 命令 DSP TXBRANCH，查询所有 RRU/RFU 的最大输出功率设置是否成功。

10. 整理调测报告

将调测过程及调测过程中出现的问题记录在 NodeB 调测记录表中。调测记录表如表 3-28 所示。

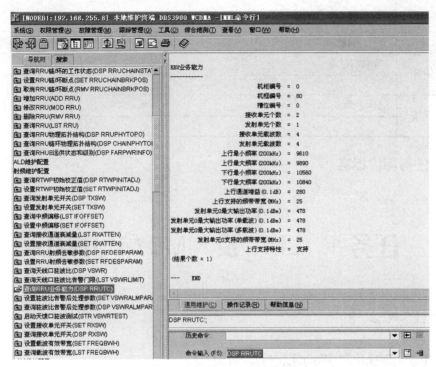

图 3-72 执行 DSP RRUTC 命令

表 3-28   NodeB 调测记录表

站点名称			
NodeB 型号			
调测时间			
调测人员			
调测成功否	□成功；□失败		
调测操作项目		**结论**	**异常情况的处理说明**
调测准备阶段	NodeB 硬件安装是否有遗留问题	□是；□否	
	NodeB 与 RNC 之间的传输是否准备就绪（检查 NodeB 与 RNC 之间的传输线是否已经连接，是否连接到正确的端口）	□是；□否	
	实际需要运行的 NodeB 软件、BootROM 软件、数据配置文件是否准备就绪（软件一般是由设备厂商提供，数据一般是由通讯公司提供）	□是；□否	
调测阶段	NodeB 软件、BootROM 软件升级是否成功	□是；□否	
	数据配置文件下载是否成功	□是；□否	
	是否已检查 NodeB 硬件状态	□是；□否	
	是否已检查 NodeB 运行状态	□是；□否	
	是否已检测 NodeB 天馈驻波比	□是；□否	

续表

调测操作项目		结论	异常情况的处理说明
调测遗留问题	问题描述		影响
故障单板记录	部件名称		部件条码

四、任务评价标准

任务 1　LMT 及 MML 命令操作

（一）技术规范

1. 时间规范

（1）完成全部操作在 40min 以内者，得 10 分。

（2）完成全部操作在 41～50min 者，得 8 分。

（3）完成全部操作在 51～60min 者，得 7 分。

（4）完成全部操作在 61～70min 者，得 5 分。

（5）完成全部操作在 71～80min 者，得 4 分。

（6）完成全部操作在 81～90min 者，得 3 分。

（7）超过 90 分钟未完成者，得 0 分。

2. LMT 基本操作

（1）不会使用通信网管系统者，扣 10 分。

（2）不能正确启动 LMT 终端软件者，扣 5 分。

（3）不能正确登录 LMT 终端者，扣 5 分。

（4）不能进行 LMT 基本操作者，扣 5 分。

3. MML 命令操作

（1）未能按要求输入和执行 MML 命令者，扣 15 分。

（2）未能正确输入 MML 命令参数者，扣 15 分。

（3）不能正确分析 MML 执行结果者，扣 15 分。

4. 工具使用规范

（1）损坏机房内计算机设备者，视情况扣 3～5 分。

（2）随意安装、卸载机房内计算机软件、操作系统者，视情况扣 1～3 分。

（3）未经允许私自带入个人工具器材进入实训场地的，视情况扣 1～3 分。

5. 文明操作规范

（1）未按安全操作规范进行操作，出现安全隐患，或已造成人员和场地的轻微伤害者，视情况扣 1～3 分。

（2）不能融洽地与团队中其他人合作，操作过程中发生争执或纠纷者，视情况扣 1～2 分。

（3）实训场地内大声喧哗、随意走动、打闹、睡觉、接听手机、看与课程无关的课外书等违纪行为者，视情况扣 1～2 分。

（4）在实训场地内饮食、乱丢垃圾者，视情况扣 1～2 分。

（5）实训场地内不听从老师的安排和指挥，任意而为者，视情况扣 1～2 分。

（6）实训任务结束后，未按要求整理自己的工作台及相关工具器材者，扣 1 分。

（二）评价标准

评价标准如表 3-29 所示。

表 3-29　　　　　　　　　　　　　　任务评价表

任务名称	LMT 及 MML 命令操作			
姓名		班级		
评价要点	评价内容	分值	得分	备注
完成时间（10 分）	完成全部操作所用的时间情况	10		
LMT 基本操作（25 分）	正确使用通信网络系统	10		
	正确启动 LMT	5		
	正确登录 LMT	5		
	熟练进行 LMT 基本操作	5		
LMT 软件操作（45 分）	会输入和执行 MML 命令	15		
	能够正确输入每个 MML 的参数	15		
	能够正确分析 MML 执行结果	15		
工具使用（10 分）	工具器材有否损坏	5		
	工具材料是否按规范整理摆放	2		
	工具材料的进出是否经过允许	3		
文明操作（10 分）	是否按安全操作规范进行操作	3		
	是否损坏操作设备	2		
	能否融洽地与团队中其他人合作	2		
	是否遵守实训场地纪律，听从老师安排、指挥	2		
	是否按要求整理工作台及器材等	1		
合计		100		

任务 2　NodeB 开通调测

（一）技术规范

1. 时间规范

（1）完成全部操作在 40min 以内者，得 10 分。

（2）完成全部操作在 41～50min 者，得 8 分。

（3）完成全部操作在 51～60min 者，得 7 分。

（4）完成全部操作在 61～70min 者，得 5 分。

（5）完成全部操作在 71～80min 者，得 4 分。

（6）完成全部操作在 81～90min 者，得 3 分。

（7）超过 90min 未完成者，得 0 分。

2. 机房基本情况以及设备上电

（1）不了解机房布局情况者，扣 2 分。

（2）不了解网络拓扑情况者，扣 2 分。

（3）不了解网管设置情况者，扣 2 分。

（4）不能正确将供电设备上电者，扣 2 分。

（5）不能正确放置 BBU 开关位置者，扣 2 分。

（6）不能正确解释 BBU 指示灯的含义者，扣 2 分。

3. NodeB 调测规范

（1）不能独立选择正确的操作步骤的，扣 2 分。

（2）不会下载数据配置文件的，扣 4 分。

（3）不会调测 SNTP 的，扣 1 分。

（4）不会检查小区状态的，扣 1 分。

（5）不会测量 RTWP 的，扣 1 分。

（6）不会检测 NodeB 告警的，扣 1 分。

（7）不会处理 NodeB 告警的，扣 2 分。

（8）没有进行相关记录的，扣 2 分。

4. 工具使用规范

（1）工具器材损坏者，视情况扣 3～5 分。

（2）工具材料未按规范整理摆放，随意堆放、丢弃者，视情况扣 1～2 分。

（3）工具器材未经允许自行带出实训场地的，视情况扣 1～3 分。

（4）未经允许私自带入个人工具器材进入实训场地的，视情况扣 1～3 分。

5. 文明操作规范

（1）未按安全操作规范进行操作，出现安全隐患，或已造成人员和场地的轻微伤害者，视情况扣 1～3 分。

(2) 随意浪费线缆、接头等材料者，视情况扣 1～2。

(3) 不能融洽地与团队中其他人合作，操作过程中发生争执或纠纷者，视情况扣 1～2 分。

(4) 实训场地内大声喧哗、随意走动、打闹、睡觉、接听手机、看与课程无关的课外书等违纪行为者，视情况扣 1～2 分。

(5) 在实训场地内饮食、乱丢垃圾者，视情况扣 1～2 分。

(6) 实训场地内不听从老师的安排和指挥，任意而为者，视情况扣 1～2 分。

(7) 实训任务结束后，未按要求整理自己的工作台及相关工具器材者，扣 1 分。

(二) 评价标准

评价标准如表 3-30 所示。

表 3-30　　　　　　　　　　　　任务评价表

任务名称	NodeB 开通调测			
姓名		班级		
评价要点	评价内容	分值	得分	备注
完成时间（10 分）	完成全部操作所用的时间情况	10		
机房基本情况以及设备上电（30 分）	是否了解机房实验设备所在位置情况	5		
	是否了解网络拓扑情况	5		
	是否了解网管设置情况	5		
	是否正确将供电设备上电	5		
	是否正确放置 BBU 开关位置	5		
	能否解释 BBU 指示灯的含义	5		
NodeB 调测（40 分）	能否独立选择正确的操作步骤，并在教师的监督下完成操作	10		
	能下载数据配置文件	10		
	调测 SNTP，检查小区状态	5		
	测量 RTWP，检测 NodeB 告警	5		
	处理 NodeB 告警	5		
	是否做了相应的检测记录	5		
工具使用（10 分）	工具器材有否损坏	5		
	工具材料是否按规范整理摆放	2		
	工具材料的进出是否经过允许	3		
文明操作（10 分）	是否按安全操作规范进行操作	3		
	是否损坏设备，致使设备不能工作	2		
	能否融洽地与团队中其他人合作	2		
	是否遵守实训场地纪律，听从老师安排、指挥	2		
	是否按要求整理工作台及器材等	1		
合计		100		

项目 4   WCDMA 基站运行与维护

一、项目整体描述

在日常运行过程中，不可避免地会出现这样或那样的问题，此时，NodeB 或者 RNC 会向外输出相关的告警信息，提示维护人员引起重视并及时维护或更换硬件，以维持整套设备的正常运行。工程师就是要确保 NodeB 和 RNC 的可靠运行，使其处于最佳运行状态，满足业务运行的需求。同时，通过例行维护能够防患于未然，及时发现问题并妥善解决问题，提高设备可靠性。

本项目 WCDMA 设备以华为的设备为参照，通过项目的实施，使学生掌握例行维护、NodeB 的维护以及 RNC 的维护的基本技能。本项目实训任务分为 3 个部分，即基站的例行维护、NodeB 运行维护、RNC 运行维护、通过这些实训任务的开展和完成，学生将能够掌握 WCDMA 现场工程师对于例行检查的对象，BBU3900 上电、下电，RRU 上电、下电以及 RNC 的维护等技能。

任务 1   例行维护检查

1. 任务说明

本任务要求学生在规定时间内，能够找到例行维护的对象，并查看是否处于正常状态，例行维护的对象包括机房环境检查、电源设备检查、传输线缆的检查。

2. 材料与工具

完成本任务所需要的材料与工具如图 4-1 所示。

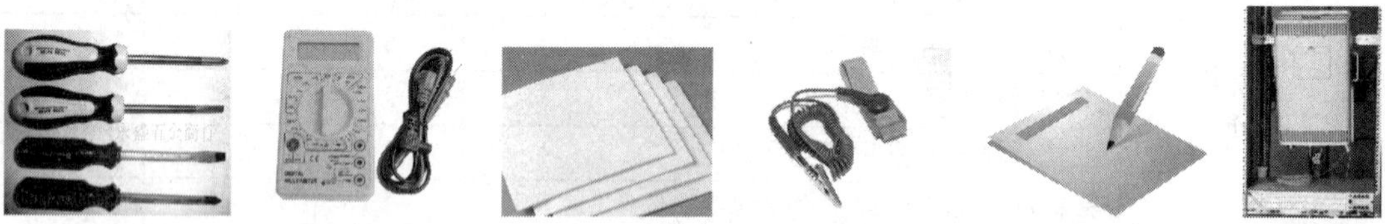

螺丝刀　　　　　万用表　　　　棉布、棉纱　　　防静电手环　　　纸笔　　　　基站设备

图 4-1　材料与工具

3. 具体要求

（1）完成任务时间为 75min。

（2）查看机房是否有供电告警、火警、烟尘告警。

（3）查看机房内温度计指示并做记录。

（4）查看机房内湿度计指示并做记录。

（5）查看机柜锁是否正常，柜门是否开关自如。

（6）用万用表测量电源电压并做记录。

（7）查看机房内设备外壳、设备内部、地板、桌面的清洁状况。

任务 2　NodeB 设备的维护

1. 任务说明

本任务要求学生能够熟练掌握 NodeB 硬件管理。在这里，NodeB 硬件以 BBU3900 和 RRU3808 为例。需要完成 BBU3900 的上电/下电和 RRU3808 的上电/下电。

2. 材料与工具

完成本任务所需要的材料与工具如图 4-2 所示。

万用表　　　　　温湿度计　　　　防静电手环　　　　　纸笔　　　NodeB 设备

图 4-2　材料与工具

3. 具体要求

（1）完成任务时间的要求为 70min。

（2）按操作规范给 BBU 上电。

（3）查看 BBU 面板灯并做记录。

（4）按操作规范给 BBU 下电。

（5）按操作规范给 RRU 上电。

（6）查看 RRU 模块指示灯并做记录。

（7）按操作规范给 RRU 下电。

任务 3　RNC 设备的维护

1. 任务说明

本任务要求学生能够熟练掌握 RNC 站点维护项目、RNC 硬件的管理。

2. 材料与工具

完成本任务所需要的材料与工具如图 4-3 所示。

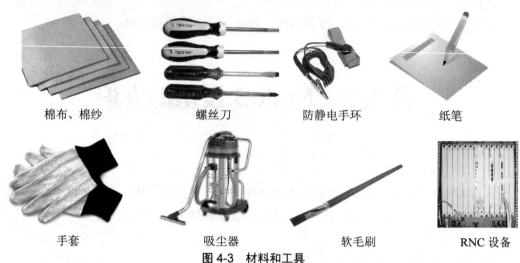

| 棉布、棉纱 | 螺丝刀 | 防静电手环 | 纸笔 |

| 手套 | 吸尘器 | 软毛刷 | RNC 设备 |

图 4-3　材料和工具

3. 具体要求

(1) 检查 RNC 硬件并做记录。

(2) 检查 RNC 机房环境并做记录。

(3) 检查 RNC 机柜并做记录。

(4) 检查 RNC 线缆并做记录。

(5) 查看 RNC 各个单板指示灯并做记录。

二、任务学习指南

(一) 湿度计简介

1. 湿度的概念

在计量法中规定，湿度定义为"物象状态的量"。日常生活中所指的湿度为相对湿度，用 RH% 表示。总而言之，即气体中（通常为空气中）所含水蒸气量（水蒸气压）与其空气相同情况下饱和水蒸气量（饱和水蒸气压）的百分比。

2. 湿度计分类

(1) 干湿球湿度计

(2) 露点湿度计

(3) 毛发湿度计

(4) 库伦湿度计

(5) 电化学湿度计

(6) 光学型湿度计

外观如图 4-4 所示。

3. 现代湿度测量方案

现代湿度测量方案最主要的有两种：干湿球测湿法、电子式湿度传感器测湿法。下面对这两种方案进行比较，可视具体情况选择适合自己的湿度测量方法。

图 4-4　各种湿度计外观

干湿球测湿法的维护相当简单，在实际使用中，只需定期给湿球加水及更换湿球纱布即可。与电子式湿度传感器相比，干湿球测湿法不会产生老化、精度下降等问题。所以干湿球测湿方法更适合于在高温及恶劣环境的场合使用。

电子式湿度传感器是近几十年，特别是近 20 年才迅速发展起来的。湿度传感器生产厂在产品出厂前都要采用标准湿度发生器来逐支标定，电子式湿度传感器的准确度可以达到 2%～3%RH。

电子式湿度传感器的精度水平要结合其长期稳定性去判断，一般说来，电子式湿度传感器的长期稳定性和使用寿命不如干湿球湿度传感器。

湿度传感器是采用半导体技术，因此对使用的环境温度有要求，超过其规定的使用温度将对传感器造成损坏。所以电子式湿度传感器测湿方法更适合于在洁净及常温的场合使用。

4．湿度计使用注意事项

在实际使用中，由于尘土、油污及有害气体的影响，使用时间一长，电子式湿度传感器会产生老化，精度下降，电子式湿度传感器年漂移量一般都在±2%左右，甚至更高。一般情况下，生产厂商会标明 1 次标定的有效使用时间为 1 年或 2 年，到期需重新标定。

湿度传感器是非密封性的，为保护测量的准确度和稳定性，应尽量避免在酸性、碱性及含有机溶剂的气氛中使用，也应避免在粉尘较大的环境中使用。为正确反映欲测空间的湿度，还应避免将传感器安放在离墙壁太近或空气不流通的死角处。如果被测的房间太大，就应放置多个传感器。有的湿度传感器对供电电源要求比较高，否则将影响测量精度。或者传感器之间相互干扰，导致无法工作。使用时应按照技术要求提供合适的、符合精度要求的供电电源。

（二）机房防火系统简介

1．常用防火设施

常用防火设施包括消防栓、消防水龙头、灭火器等，通常安置在大楼内的各个楼层，以备紧急使用。由于燃烧所必须具备的几个基本条件是可以得知的，所以灭火的原理就是破坏燃烧的条件，使燃烧反应终止的过程。其基本原理可归纳为冷却、窒息、隔离和化学抑制等。常用的消防设施也是通过这 4 个方面来灭火的。

（1）室内消火栓。室内消火栓是建筑物内的一种固定消防供水设备。由箱体、室内消火栓、水带、水枪及电气设备等消防器材组成的具有给水、灭火、控制、报警等功能的集合体，成套箱状固定式消防装置。平时与室内消防给水管线连接，遇有火灾时，将水带一端的接口接在消火栓出水口上，将手轮按开启方向旋转即能射水灭火。室内消火栓适用于具有室内消火栓给水系统的厂房、仓库和高层民用建筑及其他公共建筑，如图 4-5 所示。

（2）消防软管卷盘。消防软管卷盘是一种室内固定式轻便消防给水设备，俗称水喉。一般采用有衬里消防水带，包括橡胶（衬胶）水带、乳胶（灌胶）水带、涂塑软管。消防水带的接口由本体、密闭垫圈、橡胶密封圈等零件组成。密封圈座上有沟槽，用来捆扎水带，本体上有两个扣爪和内滑槽，为快速内扣式接口，它的密封性好，连接既快又省力，不易脱落。连接消防水带时，必须在套上水带接口垫上一层柔软的保护物，然后用镀锌铁丝或喉箍扎紧。有衬里水带耐压高，有一定弹性，接口处易脱落流水，因此要选择长一点的密封圈垫。

（3）灭火器。灭火器是由筒体、把手、喷嘴等部件组成，借助驱动压力将所充装的灭火剂喷出，达到灭火的目，是扑救初起火灾的重要消防器材。灭火器按所充装的灭火剂可分为泡沫、干粉、卤代烷、二氧化碳、酸碱、清水等几类。其使用方法为首先将灭火器提到火灾现场，然后去除铅封和保险销，左手握住喷管，右手提压把，在距火焰 2m 左右时右手用力压下压把，左手拿着喷把左右摆动，使得灭火剂覆盖整个燃烧区。需要注意的是，在使用泡沫式灭火器时，需要将灭火器倒置过来喷射。灭火器如图 4-6 所示。

图 4-5　室内消火栓　　　　　　图 4-6　灭火器

2．火灾自动报警装置

火灾自动报警系统由触发器件、火灾警报装置以及具有其他辅助功能的装置组成。它能够在火灾初期，将燃烧产生的烟雾、热量和光辐射等物理量，通过感温、感烟和感光等火灾探测器变成电信号，传输到火灾报警控制器，并同时显示出火灾发生的部位，记录火灾发生的时间等。

当监测到烟雾浓度超标时，立即声光报警，并输出脉冲电平信号、继电器常开或常闭信号，用于联网报警。一般火灾自动报警系统和自动喷水灭火系统、室内消火栓系统、防排烟系统、通风系统、空调系统、防火门、防火卷帘、挡烟垂壁等相关设备联动。自动或手动发出指令，启动相应的防火、灭火装置。火灾自动报警器如图 4-7 所示。

图 4-7　火灾自动报警器

通常根据系统中喷头开闭形式的不同，分为闭式和开式自动喷水灭火系统两大类。闭式自动喷水灭火系统包括湿式系统、干式系统、干湿式系统、预作用系统等；开式自动喷水灭火系统包括雨淋系统、水幕系统、水喷雾系统等。

（三）通信机房运行维护规范

1. 机房环境要求

（1）机房的温度建议在 5～30℃、相对湿度在 20%～85%，并要求机房在任何情况下均不得出现结露状态。

（2）防尘要求：机房应防止有害气体（二氧化硫、硫化氢、二氧化氮、氨等）侵入，应采取密封和防尘措施。

2. 供电系统要求

（1）市电引入要求：有一路可靠市电引入，市电类型建议在三类以上。

（2）低压交流供电系统应采用三相五线制和单相三线制供电。直流供电系统应采用-48V供电。

（3）供电电压：单相 220V/三相 380 V 电压，波动范围：-15%～+10%。

（4）供电频率：50 Hz±5%。

（5）直流电源系统蓄电池组放电时间核算应综合考虑准备时间、行程时间、故障排除时间以及市电质量、油机保障等因素，宜按如下要求进行配置：

① 重要接入点（如大、中型接入机房）有自启动固定油机的可按 2～4 h 放电时间配置，有非自启动固定油机的可按 3～6 h 放电时间配置，无固定油机的可按 6～12 h 放电时间配置；

② 一般接入点（小型模块局及接入网）可按 8～12 h 放电时间配置；

③ 直流系统的蓄电池一般设置两组并联。不同厂家、不同容量、不同型号的蓄电池组严禁并联使用，不同时期的蓄电池并联使用时其投产使用年限相差应不大于 1 年，不同使用年限的蓄电池不宜单体串联使用。

3. 防雷接地要求

（1）新建机房应采用联合接地。

（2）机房的防雷、接地、雷电过电保护设计应符合 YD 5098-2005 《通信局（站）防雷与接地工程设计规范》。

（3）必须安装室外的独立接地体；直流地、防静电地采用独立接地；交流工作地、安全保护地采用电力系统接地；不得共用接地线缆，所有机柜必须接地。（B 级机房系统交流工作地的接地电阻不应大于 4Ω；安全保护地的接地电阻不应大于 4Ω；防雷保护地的接地电阻不应大于 4Ω；直流地、防静电地接地电阻不应大于 1Ω；实际接地要求按照计算机设备具体要求确定。

（四）通信电源简介

1. 通信电源系统构成

通信电源一般由以下三部分组成。

（1）交流供电系统。由高压配电所、降压变压器、油机发电机、UPS 和低压配电屏组成。

（2）直流供电系统。由高频开关电源（AC/DC 变换器）、蓄电池、DC/DC 变换器和直流配电屏等部分组成。

（3）接地系统。包括：交流工作接地、保护接地、防雷接地、直流工作接地、机壳屏蔽接地等。

2. UPS 原理与维护

UPS，即 Uninterruptible Power System，是交流不间断供电电源系统的英文缩写，是一种含有储能装置，以逆变器为主要组成部分的恒压恒频的不间断电源。

UPS 系统由整流模块、逆变器、蓄电池、静态开关等组成。整流模块（AC/DC）和逆变器（DC/AC）都为能量变换装置，蓄电池为储能装置。除此还有间接向负载提供市电电源（或备用电源）的旁路装置。各种 UPS 的外观如图 4-8 所示。

图 4-8 各种 UPS 外观

UPS 可分为以下三类。

（1）后备式 UPS（OFF LINE）。当市电异常（市电电压、频率超出后备式 UPS 允许的输入范围或市电中断）时，后备式 UPS 通过转换开关切换到电池状态，逆变器进入工作状态，此时输出波形为交流正弦波或方波。

（2）在线互动式 UPS（ON LINE INTERACTIVE）。在线互动式指在输入市电正常时，UPS 的逆变器处于反向工作给电池组充电，在市电异常时逆变器立刻投入逆变工作，将电池组电压转换为交流电输出。

（3）在线式 UPS（ON LINE）。在线式即 UPS 逆变器始终处于工作状态。

3. 直流供电系统原理与维护

直流供电系统的设备构成一般分为以下 3 个部分。

（1）整流模块部分。主要作用是把交流电源转换为直流电源。分为相控整流电源和开关整流电源。目前主要使用开关整流电源模块。

（2）蓄电池部分。主要负责在市电断电后向负载供电。

（3）直流配电部分。主要负责电源的配出和电源的保护。开关整流电源具有以下特点：效率高（在额定负载的 20%以上的时候，效率最高，达到 90%以上）、体积小（主要的原因是采用高频变压器）、电气公害小（有害谐波小）、噪声小。直流供电电源如图 4-9 所示。

当供电系统出现故障时，设备会发出刺耳的告警声提示维护人员，另外有些高端的电源设备上还有液晶显示屏，显示故障告警提示信息或故障代码。维护人员可将告警提示信息或故障代码告诉厂家的维护人员进行处理，如图 4-10 所示。

图 4-9 直流供电电源

图 4-10 通信电源显示屏

4. 蓄电池原理与维护

目前通信机房内使用的电池绝大多数为阀控式少维护铅酸蓄电池，简称为免维护蓄电池（VRLA）。它的主要特点是维护量小、无酸雾和氢气逸出、对安装环境无需做特别的防酸、防爆和通风处理，因此可以和其他电气设备安装在一起，适合分散式供电要求。它对安装地点的环境温度有一定要求，温度过低会影响电池的放电性能、温度过高会影响电池的使用寿命。具体环境温度视具体的设备略有不同，一般最佳的环境温度在 20～25℃。阀控式铅酸蓄电池分为两种类型：胶体式和吸附式。

（五）通信基站防雷维护

1. 雷击常识

通常可以将雷击分为以下几类：直击雷、感应雷、雷电侵入波和地电位反击，如图 4-11 所示。

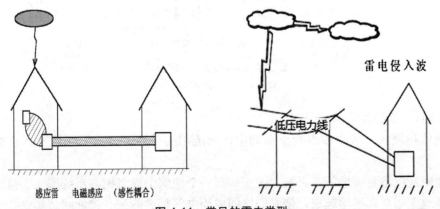

图 4-11 常见的雷击类型

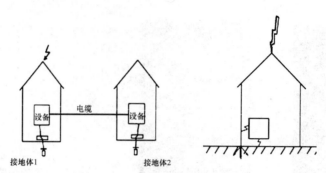

图 4-11　常见的雷击类型（续）

2. 雷电防护的基本原则

（1）系统防护措施

① 外部防雷

接闪器

引下线——防直击雷

接地装置

② 内部防雷

屏蔽——防雷电感应

合理布线——防雷电感应

安全距离——防反击、防生命危险

等电位联结——防反击、防生命危险

过电压保护——防雷电侵入波

（2）多级防护原则（如图 4-12 所示）

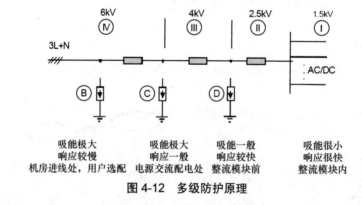

图 4-12　多级防护原理

3. 通信设备的防雷措施

接地体指埋入土壤中或混凝土基础中作散流用的导体，分人工接地体和自然接地体两种。

接地网是把需要接地的各系统，统一接到一个地网上或者把各系统原来的接地网通过地下或者地上用金属连接起来，使它们之间成为电气相通的统一接地网。基站接地系统包括建筑物地网、铁塔地、电源地、逻辑地（也称信号地）、防雷等。

（1）通信局站接地系统（如图 4-13 所示）。

（2）设备内部系统接地设计（如图 4-14 所示）。

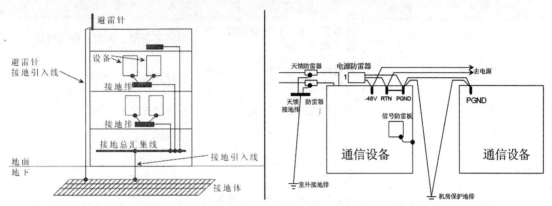

图 4-13　通信局站接地系统　　　　图 4-14　设备内部系统接地设计

（3）移动站天馈系统外部防雷接地（如图 4-15 所示）。

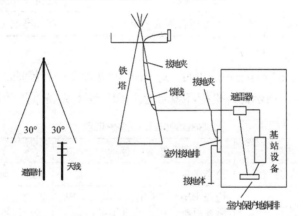

图 4-15　天馈系统外部防雷接地

（4）局站内布线防雷。进入通信局站的低压电力电缆宜埋地引入，宜采用具有金属铠装屏蔽层的电缆（或穿金属管屏蔽）。屏蔽层两端接地（或金属管两端接地）。电缆埋地长度宜不小于 50m。

进局站信号电缆和防雷信号电缆应埋地进入通信局站。进入通信局站的信号电缆应采用屏蔽电缆（或穿金属管）。信号电缆的屏蔽层（或金属管）建议两端接地。信号电缆进入室内后应在设备的对应接口处加装信号避雷器保护，信号避雷器的保护接地线应尽量短。

（六）基站维护内容简介

1. 例行维护任务

通信基站的例行维护工作对于基站系统设备的正常运行具有十分重要的意义。通常要对机房里的环境、温度、电源、电压等项目进行检查。

按照维护检查的周期来分，可分为日维护、周维护、月维护、季度维护以及年维护等。

具体检查的项目、周期和检查的标准如表 4-1 所示。

表 4-1   例行维护的类型与内容

检查项目	周期	检查内容	参考标准
机房环境告警	每日	查看机房是否有供电告警、火警、烟尘告警	无供电告警、火警、烟尘告警
机房的防盗网、门、窗	每周	查看机房的防盗网、门、窗等设施是否完好	完好无损坏
机房温度	每日	查看机房内温度计指示	机房温度在 15～30 ℃为正常
机房湿度	每日	查看机房内湿度计指示	机房湿度在 40%～65% 为正常
机房内空调	每周	查看机房内空调制冷/制热温度、开关情况	空调运行正常，所设温度与温度计实际指示一致
机房内防尘	每周	查看机房内设备外壳、设备内部、地板、桌面的清洁状况	干净整洁，无明显尘土附着
电源线	每月/每季	检查供电系统与机柜配电盒处电源线的连接情况	电源线无老化，连接安全、可靠，连接点无腐蚀
电压	每月/每季	用万用表测量电源电压	在标准电压允许范围内

2. NodeB 硬件维护

（1）BBU3900 设备进行维护的项目。对 BBU3900 设备进行维护的项目包括：检查风扇、设备外表、设备清洁、指示灯、机柜环境温度。BBU3900 设备维护项目列表如表 4-2 所示。

表 4-2   BBU3900 设备维护项目

检查项目	周期	检查内容	参考标准
检查风扇	每周，每月（季）	检查风扇	无相关风扇告警
检查BBU风道	每季	检查 BBU 的进出风口以及 BBU 所在机框、机柜的进出风口	网孔上积灰不得过多，必要时请进行清除
检查设备清洁	每月（季）	检查各设备是否清洁	设备表面清洁、机框内部灰尘不得过多
检查指示灯	每月（季）	检查设备的指示灯是否正常	无相关指示灯报警
检查机柜环境温度	每月（季）	检查机柜内的温度是否正常	BBU3900 工作的环境温度要求：−20℃～+55℃

（2）BBU 上电。BBU 上电的前提条件是要确保外部输入电源电压范围正常；如果 BBU3900 采用+24V DC 输入，外部输入电源电压应在+21.6V DC～+29V DC 范围内；如果 BBU3900 采用−48V DC 输入，外部输入电源电压应在−57V DC～−38.4V DC 范围内。

BBU 上电操作步骤如下。

[步骤 1] 将 BBU3900 电源开关置为"ON"，给 BBU3900 上电。

[步骤 2] 查看 BBU3900 各单板面板上"RUN"、"ALM"和"ACT"3 个指示灯的状态，根据指示灯的状态进行下一步操作，如表 4-3 所示。

表 4-3 依据指示灯的状态进行的下一个步骤

如 果	说 明
"RUN" 常亮 "ALM" 亮 1s 后常灭 "ACT" 亮 1s 后常灭	指示灯显示正常，单板开始运行，转步骤 3
"RUN" 常亮 "ALM" 常亮 "ACT" 常亮	指示灯显示不正常，可采取以下措施排除故障： ① 复位单板 ② 拔下单板检查插针是否有损坏。如果插针有损坏则更换单板；如果插针无损坏则重新安装单板 ③ 如果指示灯仍显示不正常，请联系华为技术支持

[步骤 3] 单板开始运行后，指示灯的状态会发生变化，根据指示灯的状态进行下一步操作，如表 4-4 所示。

表 4-4 根据单板指示灯的状态进行的下一个步骤

如 果	则
"RUN" 1s 亮，1s 灭 "ALM" 常灭	BBU3900 运行正常，上电结束
是其他状态	BBU3900 发生故障，排除故障后转步骤 1

（3）BBU 下电。

[步骤 1] 根据不同的情况，选择常规下电或紧急下电，如表 4-5 所示。

表 4-5 BBU 下电情况的操作步骤

如 果	则
可预知情况（如设备搬迁、可预知的区域性停电）	常规下电，转步骤 2
紧急情况（如 BBU3900 出现电火花、烟雾、水浸）	紧急下电，转步骤 3

[步骤 2] 先关闭 BBU3900 的电源开关，再关闭控制 BBU3900 电源的外部电源输入设备的开关。

[步骤 3] 先关闭控制 BBU3900 电源的外部电源输入设备的开关，如果时间允许，再关闭 BBU3900 的电源开关。

（4）RRU 预防性维护。对 RRU 进行预防性维护，能提高 RRU 设备运行的稳定性。不是强制的，但是强烈推荐对其进行维护。RRU 设备预防性维护项目如表 4-6 所示。

表 4-6 RRU 设备预防性维护项目

序 号	检 查 项 目
1	所有 RRU 均安装牢固且未遭破坏
2	在入机柜处的线缆密封良好
3	所有射频线缆均未磨损、切割和破损

续表

序 号	检 查 项 目
4	所有射频线缆连接器均密封良好
5	所有射频线缆导管均保持完好
6	所有电源线均未磨损、切割和破损
7	所有电源线连接器均保持完好
8	所有电源线导管均保持完好
9	所有电源线的屏蔽情况良好
10	所有电源线的密封情况良好
11	所有 CPRI 光纤线缆均未磨损、切割和破损
12	维护腔盖板的盖板螺钉紧固
13	所有电调线缆（选配）均未磨损、切割和破损
14	所有电调线缆（选配）的连接器均密封良好

（5）RRU 上电。RRU 上电的前提条件是电源输入端口电源电压在−57V DC～−36V DC。

注意：RRU 打开包装后，24 h 内必须上电；后期维护，下电时间不能超过 24 h。

RRU 上电步骤如下：

[步骤 1] 将 RRU 配套电源设备上对应的空开开关置为"ON"，给 RRU 上电。

[步骤 2] 等待 3～5 min 后，查看 RRU 模块指示灯的状态，各种状态的含义请参见 RRU 指示灯。RRU 指示灯状态和含义如表 4-7 所示。

表 4-7　　　　　　　　　　　　　　RRU 模块指示灯的状态

指示灯	颜色	状态	含义
RUN	绿色	常亮	有电源输入，但单板有故障
		常灭	无电源输入，或工作于告警状态
		1s 亮，1s 灭	单板运行正常
		0.125s 亮，0.125s 灭	单板软件加载中
ALM	红色	常亮	告警状态（不包括 VSWR 告警）
		1s 亮，1s 灭	告警状态，单板或接口故障，告警严重程度低于常亮状态，不一定需要更换模块（不包括 VSWR 告警）
		常灭	无告警（不包括 VSWR 告警）
OP0/OP1	红绿双色	绿色常亮	Ir 链路正常
		红色常亮	光模块接收异常告警（近端 LOS 告警）
		红色 0.5s 亮，0.5s 灭	Ir 失锁
		常灭	光模块不在位或光模块下电

[步骤 3] 根据指示灯的状态，进行下一步操作，操作步骤如表 4-8 所示。

表 4-8	指示灯的状态决定下一个操作的步骤
如果…	则…
RRU 运行正常	上电结束
RRU 发生故障	将空开开关设置为"OFF"，排除故障后转步骤 1

（6）RRU 下电。

[**步骤 1**] 根据不同的情况，选择常规下电或紧急下电，如表 4-9 所示。

表 4-9	RRU 下电操作步骤
如果…	则…
某些特殊场合（如设备搬迁、可预知的区域性停电）	常规下电，转步骤 2
RRU 出现电火花、烟雾、水浸等紧急情况	紧急下电，转步骤 3

[**步骤 2**] 将 RRU 配套电源设备上对应的空开开关置为"OFF"。

[**步骤 3**] 先切断 RRU 配套电源设备的外部输入电源，如果时间允许，再将 RRU 配套电源设备上对应的空开开关置为"OFF"。

（7）更换 RRU 模块。RRU 是分布式基站的射频远端处理单元，并与 BBU 等模块配合组成完整的分布式基站系统。更换 RRU 时，将导致该 RRU 所承载的业务完全中断。

注意：操作时请确保正确的 ESD 防护措施，如佩戴防静电腕带或防静电手套，以避免单板、模块或电子部件遭到静电损害。

更换 RRU 模块的操作步骤如下。

[**步骤 1**] 参见 RRU 下电，给 RRU 下电。

[**步骤 2**] 拔下与 RRU 连接的所有线缆，并做好绝缘防护措施。

[**步骤 3**] 拧松主扣件上两个弹片的松不脱螺钉。然后拧紧 RRU 挂板上的两个螺钉，如图 4-16 所示。

[**步骤 4**] 双手托住 RRU 底部用力向上抬起，将 RRU 拆卸下来。

[**步骤 5**] 安装新的 RRU。

[**步骤 6**] 插上与 RRU 连接的所有线缆。

[**步骤 7**] 参见 RRU 上电，给 RRU 上电。

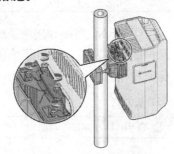

图 4-16　更换 RRU 模块

（8）更换光模块。光模块用于提供光电转换接口功能以实现 BBU 与其他设备间的光纤传输。更换光模块需要拆卸光纤，将导致 CPRI 信号传输中断。操作步骤如下。

[**步骤 1**] 光模块安装在 RRU 的 CPRI_W 和 CPRI_E 接口上。

[**步骤 2**] 光模块支持热插拔。

[**步骤 3**] 更换 RRU 光模块所需要的时间约为 5min，包括拆卸光纤和光模块、插入新的光模块、连接光纤到光模块和 CPRI 链路恢复正常所需的时间。

[**步骤 4**] 操作时请确保正确的 ESD 防护措施，例如，佩戴防静电腕带或防静电手套，以避免单板、模块或电子部件遭到静电损害。

操作步骤如下。

[步骤 1] 按下光纤连接器上的凸起部分，将连接器从故障光模块中拔下。

[步骤 2] 将故障光模块上的拉环往下翻，将光模块拉出槽位，从 RRU 上拆下。

[步骤 3] 将新的光模块安装到 RRU 上。

[步骤 4] 分别取下新的光模块和光纤连接器上的防尘帽，将光纤连接器插入到新的光模块上。

[步骤 5] 根据指示灯 CPRI_W 和 CPRI_E 的状态，判断 CPRI 信号传输是否恢复正常。指示灯的状态含义请参见 RRU 指示灯。

3. RNC 维护

（1）RNC 机房环境维护。RNC 机房环境项目主要包括查看机房环境告警、查看机房防盗网（门、窗等）、观测机房温度和湿度、查看机房空调。机房环境维护任务和操作方法如表 4-10 所示。

表 4-10 机房环境维护任务和操作方法

检 查 项 目	周 期	检 查 内 容	参 考 标 准
机房环境告警	每日	查看机房是否有供电告警、火警、烟尘和水浸告警	无供电告警、火警、烟尘和水浸告警
机房的防盗网、门、窗	每日	查看机房的防盗网、门、窗等设施是否完好	防盗网、门、窗等设施完好无损坏
机房温度	每日	观测机房内温度计指示	机房环境温度在 15～30℃
机房湿度	每日	观测机房内湿度计指示	机房湿度在 40%～65%。
机房内空调	每日	检查空调制冷/制热度、开关情况等	空调正常运行，所设温度与温度计实际指示一致

（2）RNC 电源和接地系统维护。RNC 电源和接地系统维护项目包括检查电源线、电压、保护地线，以及检查机柜内组件接地、接地电阻、蓄电池与整流器。电源和接地系统维护任务和操作方法如表 4-11 所示。

表 4-11 RNC 电源和接地系统维护项目

检 查 项 目	周 期	检 查 内 容	参 考 标 准
电源线	每月/每季	仔细检查各电源线（−48V、GND）连接	连接安全、可靠 电源线无老化，连接点无腐蚀
电压	每月/每季	用万用表测量电源电压	电源电压在标准电压允许范围内
保护地线	每月/每季	检查保护地线（PGND）、机房地线排连接是否安全、可靠	各连接处安全、可靠，连接处无腐蚀 地线无老化 地线排无腐蚀，防腐蚀处理得当
机柜内组件接地	每月/每季	检查机柜内部所有的接地线是否有破损、老化、腐蚀、电弧灼伤 检查机柜内部所有接地线的连接端子、紧固螺钉等的接触、配合是否良好，是否存在松动、腐蚀	接地线无老化、无破损、无腐蚀、无电弧灼伤 连接端子、紧固螺钉等的接触、配合良好，连接处无松动、无腐蚀

检查项目	周　期	检查内容	参考标准
接地电阻	每月/每季	用地阻仪测量接地电阻并记录	接地电阻<10Ω
蓄电池与整流器	每年	对各机房供电系统的蓄电池和整流器进行年度巡检	蓄电池容量合格、连接正确 整流器的性能参数合格

（3）RNC 机柜维护。RNC 机柜维护项目包括查看机柜风扇运转状态，查看机柜防尘网、机柜外部、门和锁、机柜清洁度、风扇盒除尘，查看部件运行状态、防静电腕带绝缘状态、空闲光接口。机柜维护任务和操作方法如表 4-12 所示。

表 4-12　　　　　　　　　　　　　　RNC 机柜维护

检查项目	周　期	检查内容	参考标准
机柜风扇	每周/每月	检查机柜风扇	风扇运转良好，无异常声音，如叶片接触到箱体的声音
机柜防尘网	每季	检查各机柜的防尘网	防尘网上应无明显灰尘、无损坏；清洗 RNC 机柜防尘网，更换 RNC 防尘网
机柜外部	每月/每季	检查机柜外部是否有凹痕、裂缝、孔洞、腐蚀等损坏痕迹，机柜标识是否清晰	机柜完好，标识清晰
机柜锁和门	每月/每季	机柜锁是否正常，门是否开关自如	机柜锁正常，门开关自如。
机柜清洁	每月/每季	仔细检查各机柜是否清洁	机柜表面清洁、机框内部灰尘不得过多等
风扇盒除尘	每年	对风扇盒进行除尘	风扇盒表面及内部无明显灰尘、无损坏
机柜内部	每月/每季	检查防鼠网是否完好、机柜内部各部件的指示灯是否正常	机柜的防鼠网完好无损 各部件指示灯均正常
防静电腕带	每季	使用以下两种方法之一测试防静电腕带的接地电阻： ① 直接使用防静电腕带测试仪 ② 使用万用表测量防静电腕带接地电阻	若使用防静电腕带测试仪，结果为 GOOD 灯亮 若使用万用表，防静电腕带接地电阻在 0.8～1.2MΩ 范围内
单板的空闲光接口	每月/每季	查看空闲光接口处是否盖有防尘帽	空闲光接口处应盖有防尘帽

（4）RNC 线缆维护。RNC 线缆维护项目包括检查线缆标签、接头和插座，以及中继电缆、网线、光纤的连接情况。线缆维护任务和操作方法如表 4-13 所示。

表 4-13　　　　　　　　　　　　　RNC 线缆维护项目

检查项目	周　期	检查内容	参考标准
接头、插座	每月/每季	检查接头和插座的绝缘体上是否附着有灰尘、油污	绝缘体清洁无污染
中继电缆连接	每年	仔细检查中继电缆的连接情况	中继线连接可靠 中继线完整无损坏 标签清晰易辨识

续表

检查项目	周 期	检查内容	参考标准
网线连接	每年	仔细检查网线的连接情况	网线连接可靠 网线无损坏 标签清晰易辨识
光纤连接	每年	仔细检查光纤的连接情况	光纤连接可靠 光纤完好无损 标签清晰易辨识

（5）佩戴 RNC 防静电腕带。为保护设备，防止设备受到静电放电（ESD）的损害，在操作设备时，除应将设备进行正确接地外，还必须使用防静电腕带。请确保防静电腕带的金属扣和皮肤充分接触，并且腕带的另一个端点被正确连接到了设备的防静电插孔上，如图 4-17 所示。保持防静电腕带处于正常的工作状态下，其系统电阻值范围应该在 0.8～1.2MΩ。防静电腕带的使用期限一般为两年，阻值不满足时需要进行更换。防静电腕带并不能防护单板和衣服发生接触时产生的静电，应避免单板和衣服之间的任何接触。

（6）清除 RNC 风扇盒灰尘。为确保设备能够长期稳定运行，维护人员应定期（建议每年一次）对每个风扇盒进行除尘维护。RNC 风扇盒如图 4-18 所示。

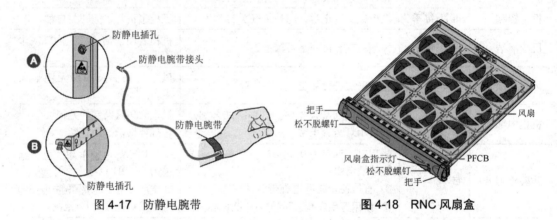

图 4-17　防静电腕带　　　　　　　　　　图 4-18　RNC 风扇盒

[注意]

① 风扇盒除尘过程中进行的风扇盒更换将严重影响系统的散热，请尽量缩短风扇中断工作的时间（不宜超过 1 min），否则，可能造成单板因温度过高而烧损。

② 为避免静电危害，执行本操作前请正确佩戴防静电腕带，将防静电腕带可靠接地（机柜上的防静电插孔）。如无防静电腕带，或者防静电腕带无合适的接地点，请佩戴防静电手套。

③ 在更换风扇盒时，切勿将手指伸到风扇盒内部，以免转动的风扇或结构件上的金属尖刺损伤手指。

（7）清洗 RNC 机柜防尘网。RNC 机柜中的防尘网，用于抵挡外界灰尘，保护机柜单板。所有防尘网要求至少每 6 个月清洗一次。

防尘网位于 RNC 机柜的前门、后门内侧和机柜底部。维护人员应定期对每个机柜底部的防尘网（建议每季度一次）、每个 RNC 机柜门内侧的防尘网（建议每季度一次）进行清洗。RNC 防尘网破旧不可用时，需要更换。N68E-22 机柜的防尘网位置如图 4-19 所示。

　　为避免静电危害，执行本操作前请正确佩戴防静电腕带，将防静电腕带可靠接地（机柜上的防静电插孔）。如无防静电腕带，或者防静电腕带无合适的接地点，请佩戴防静电手套。机柜底部的防尘网如图 4-20 所示。

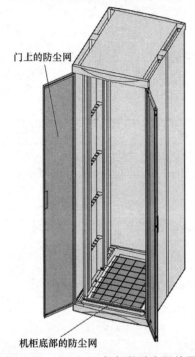

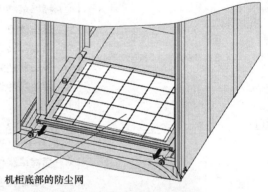

图 4-19　N68E-22 机柜的防尘网位置　　　　图 4-20　机柜底部的防尘网

　　切不可将尚未晾干的防尘网框插入机柜，否则，机柜在进风时将可能因吸入水滴而引起内部组件短路，导致设备故障。防尘网应沿防尘网框推入机柜底部，注意不可强行推入。

　　（七）RNC 单板指示灯简介

　　1. RNC 配电盒前面板指示灯

　　RNC 配电盒前面板包含 2 个指示灯：RUN、ALM。配电盒前面板指示灯含义如表 4-14 所示。

表 4-14　　　　　　　　　　　　　　　RNC 配电盒前面板指示灯

指示灯名称	颜色	状态	含义
RUN	绿色	1s 亮，1s 灭	PAMU 单板正常运行且与 SCUa 单板通信正常
		0.125s 亮，0.125s 灭	PAMU 单板与 SCUa 单板未正常通信，或尚未正常运行
		常灭	PAMU 单板无电源输入或指示灯故障
ALM	红色	常灭	配电盒无告警
		常亮	告警状态，表明配电盒在运行中存在故障或输入电源存在欠压或过压现象（在 PAMU 单板自检时，ALM 灯会常亮，此时并不表示目前存在告警，只是用于测试 ALM 灯的好坏）

[注意]

① 欠压报警门限为-42V，当输入电源电压低于欠压告警门限值时，配电盒将上报欠压告警。

② 过压报警门限为-57V，当输入电源电压高于过压告警门限值时，配电盒将上报过压告警。

2. RNC 风扇盒指示灯

风扇盒指示灯 STATUS 位于风扇盒的前面板处，为红绿双色灯，每个风扇盒 1 个。风扇盒指示灯含义如表 4-15 所示。

表 4-15　　　　　　　　　　　　　RNC 风扇盒指示灯

颜　色	状　态	含　义
红色	1s 亮，1s 灭	风扇盒已经注册且存在下列情况之一： ① 插框单路供电 ② 通信故障 ③ 风扇停转或转速过低 ④ 风扇盒超温或者温度传感器失效 ⑤ 调速功能失效告警 [说明] 调速功能失效告警只适用于风扇盒配置 PFCB 单板时
	0.25s 亮，0.25s 灭	风扇盒未注册且存在下列情况之一： ① 插框单路供电 ② 风扇停转或转速过低 ③ 风扇盒超温或者温度传感器失效 ④ 调速功能失效告警 [说明] 调速功能失效告警只适用于风扇盒配置 PFCB 单板时
绿色	1s 亮，1s 灭	风扇盒双路供电、无故障（已注册）
	0.25s 亮，0.25s 灭	风扇盒双路供电、无故障（未注册）

3. OMUa 单板指示灯

OMUa 单板面板上包含 12 个指示灯：RUN、ALM、ACT、OFFLINE、HD（HD0、HD1），每个网口处（ETH0~ETH2）1 对 LINK、ACT 灯。OMUa 单板指示灯的说明如表 4-16 所示。

表 4-16　　　　　　　　　　　　　OMUa 单板指示灯

指示灯名称	颜　色	状　态	含　义
RUN	绿色	1s 亮，1s 灭	单板正常运行
		0.125s 亮，0.125s 灭	单板处于加载状态
		2s 亮，2s 灭	单板处于测试状态
		常亮	有电源输入，但单板存在故障
		常灭	无电源输入或单板处于故障状态

续表

指示灯名称	颜 色	状 态	含 义
ALM	红色	常灭	无告警
		常亮或闪烁	告警状态，表明在运行中存在故障
ACT	绿色	常亮	单板处于主用状态
		常灭	单板处于备用状态或未连接状态
OFFLINE	蓝色	常亮	单板可拔出
		常灭	单板不可拔出
		0.125s 亮，0.125s 灭	单板处于状态切换状态
HD0、HD1	绿色	闪烁	硬盘进行读写操作
		常灭	硬盘无读写操作
LINK（网口处）	绿色	闪烁	网口链路处于连接状态
		常灭	网口链路处于断开状态
ACT（网口处）	橙色	闪烁	网口有数据传送
		常灭	网口没有数据传送

4. SCUa 单板指示灯

SCUa 单板面板上有 27 个指示灯：包括 RUN、ALM、ACT 指示灯各 1 个，以及分布在 12 个 10/100/1000Base-T 网口处的 12 对网口状态指示灯 LINK、ACT。SCUa 单板指示灯的说明如表 4-17 所示。

表 4-17 SCUa 单板指示灯

指示灯名称	颜 色	状 态	含 义
RUN	绿色	1s 亮，1s 灭	单板正常运行
		0.125s 亮，0.125s 灭	单板处于加载状态
		2s 亮 2s 灭	单板处于测试状态
		常亮	有电源输入，但单板存在故障
		常灭	无电源输入或单板处于故障状态
ALM	红色	常灭	无告警
		常亮或闪烁	告警状态，表明在运行中存在故障
ACT	绿色	常亮	单板处于主用状态
		常灭	单板处于备用状态
LINK（网口处）	绿色	常亮	网口链路处于连接状态
		常灭	网口链路处于断开状态
ACT（网口处）	绿色	闪烁	网口有数据传送
		常灭	网口没有数据传送
		常亮	单板没插稳或可拔出

5. GCUa/GCGa 单板指示灯

GCUa/GCGa 单板面板有 3 个指示灯：RUN、ALM、ACT。GCUa/GCGa 单板指示灯的说明如表 4-18 所示。

表 4-18　　　　　　　　　　　　　　GCU 单板指示灯

指示灯名称	颜　色	状　态	含　义
RUN	绿色	1s 亮，1s 灭	单板正常运行
		0.125s 亮，0.125s 灭	单板处于加载状态
		2s 亮，2s 灭	单板处于测试状态
		常亮	有电源输入，但单板存在故障
		常灭	无电源输入或单板处于故障状态
ALM	红色	常灭	无告警
		常亮或闪烁	告警状态，表明在运行中存在故障
ACT	绿色	常亮	单板处于主用状态
		常灭	单板处于备用状态

6. SPUa 单板指示灯

SPUa 单板面板包括 11 个指示灯：RUN、ALM、ACT 以及分布在 4 个 10/100/1 000Base-T 网口处的 4 对网口状态指示灯 LINK、ACT。SPUa 单板指示灯的说明如表 4-19 所示。

表 4-19　　　　　　　　　　　　　　SPUa 单板指示灯

指示灯名称	颜　色	状　态	含　义
RUN	绿色	1s 亮，1s 灭	单板正常运行
		0.125s 亮，0.125s 灭	单板处于加载状态
		2s 亮，2s 灭	单板处于测试状态
		常亮	有电源输入，但单板存在故障
		常灭	无电源输入或单板处于故障状态
ALM	红色	常灭	无告警
		常亮或闪烁	告警状态，表明在运行中存在故障
ACT	绿色	常亮	单板处于主用状态
		常灭	单板处于备用状态
LINK（网口处）	绿色	常亮	链路处于连接状态
		常灭	链路处于断开状态
ACT（网口处）	绿色	闪烁	有数据传送
		常灭	没有数据传送
		常亮	单板没插稳或可拔出

7. DPUb 单板指示灯

DPUb 单板面板上只有 3 个指示灯：RUN、ALM、ACT。DPUb 单板指示灯的说明如表 4-20 所示。

表 4-20　　　　　　　　　　　　　　　DPUb 单板指示灯

指示灯名称	颜色	状态	含义
RUN	绿色	1s 亮，1s 灭	单板正常运行
		0.125s 亮，0.125s 灭	单板处于加载状态
		2s 亮，2s 灭	单板处于测试状态
		常亮	有电源输入，但单板存在故障
		常灭	无电源输入或单板处于故障状态
ALM	红色	常灭	无告警
		常亮或闪烁	告警状态，表明在运行中存在故障
ACT	绿色	常亮	单板处于可用状态
		常灭	无电源输入或单板处于故障状态

8. AEUa 单板指示灯

AEUa 单板面板上有 3 个指示灯：RUN、ALM、ACT。AEUa 单板指示灯的说明如表 4-21 所示。

表 4-21　　　　　　　　　　　　　　　AEUa 单板指示灯

指示灯名称	颜色	状态	含义
RUN	绿色	1s 亮，1s 灭	单板正常运行
		0.125s 亮，0.125s 灭	单板处于加载状态
		2s 亮，2s 灭	单板处于测试状态
		常亮	有电源输入，但单板存在故障
		常灭	无电源输入或单板处于故障状态
ALM	红色	常灭	无告警
		常亮或闪烁	告警状态，表明在运行中存在故障
ACT	绿色	常亮	单板处于主用状态
		常灭	单板处于备用状态

9. UOIa 单板指示灯

UOIa 单板面板包含 3 个指示灯：RUN、ALM、ACT。UOIa 单板面板指示灯说明如表 4-22 所示。

表 4-22   UOIa 单板指示灯

指示灯名称	颜色	状态	含义
RUN	绿色	1s 亮，1s 灭	单板正常运行
		0.125s 亮，0.125s 灭	单板处于加载状态
		2s 亮，2s 灭	单板处于测试状态
		常亮	有电源输入，但单板存在故障
		常灭	无电源输入或单板处于故障状态
ALM	红色	常灭	无告警
		常亮或闪烁	告警状态，表明在运行中存在故障
ACT	绿色	常亮	单板处于主用状态
		常灭	单板处于备用状态

10. POUa 单板指示灯

POUa 单板面板上有 3 个指示灯：RUN、ALM、ACT。POUa 单板指示灯的说明如表 4-23 所示。

表 4-23   POUa 单板指示灯

指示灯名称	颜色	状态	含义
RUN	绿色	1s 亮，1s 灭	单板正常运行
		0.125s 亮，0.125s 灭	单板处于加载状态
		2s 亮，2s 灭	单板处于测试状态
		常亮	有电源输入，但单板存在故障
		常灭	无电源输入或单板处于故障状态
ALM	红色	常灭	无告警
		常亮或闪烁	告警状态，表明在运行中存在故障
ACT	绿色	常亮	单板处于主用状态
		常灭	单板处于备用状态

11. SCUa 单板指示灯

SCUa 单板面板上有 27 个指示灯：包括 RUN、ALM、ACT 指示灯各 1 个以及分布在 12 个 10/100/1 000Base-T 网口处的 12 对网口状态指示灯 LINK、ACT。SCUa 单板指示灯如表 4-24 所示。

表 4-24   SCUa 单板指示灯

指示灯名称	颜色	状态	含义
RUN	绿色	1s 亮，1s 灭	单板正常运行
		0.125s 亮，0.125s 灭	单板处于加载状态
		2s 亮 2s 灭	单板处于测试状态
		常亮	有电源输入，但单板存在故障
		常灭	无电源输入或单板处于故障状态

续表

指示灯名称	颜色	状态	含义
ALM	红色	常灭	无告警
		常亮或闪烁	告警状态，表明在运行中存在故障
ACT	绿色	常亮	单板处于主用状态
		常灭	单板处于备用状态
LINK（网口处）	绿色	常亮	网口链路处于连接状态
		常灭	网口链路处于断开状态
ACT（网口处）	绿色	闪烁	网口有数据传送
		常灭	网口没有数据传送
		常亮	单板没插稳或可拔出

12. AOUa 单板指示灯

AOUa 单板面板上有 3 个指示灯：RUN、ALM、ACT。AOUa 单板指示灯的说明如表 4-25 所示。

表 4-25　　　　　　　　　　　　　AOUa 单板指示灯

指示灯名称	颜色	状态	含义
RUN	绿色	1s 亮，1s 灭	单板正常运行
		0.125s 亮，0.125s 灭	单板处于加载状态
		2s 亮，2s 灭	单板处于测试状态
		常亮	有电源输入，但单板存在故障
		常灭	无电源输入或单板处于故障状态
ALM	红色	常灭	无告警
		常亮或闪烁	告警状态，表明在运行中存在故障
ACT	绿色	常亮	单板处于主用状态
		常灭	单板处于备用状态

13. FG2a 单板指示灯

FG2a 单板面板有 19 个指示灯：包括 RUN、ALM、ACT 各 1 个以及分布在 8 个网口处的 8 对网口状态指示灯 LINK、ACT。FG2a 单板面板上各指示灯的说明如表 4-26 所示。

表 4-26　　　　　　　　　　　　　FG2a 单板指示灯

指示灯名称	颜色	状态	含义
RUN	绿色	1s 亮，1s 灭	单板正常运行
		0.125s 亮，0.125s 灭	单板处于加载状态
		2s 亮，2s 灭	单板处于测试状态
		常亮	有电源输入，但单板存在故障
		常灭	无电源输入或单板处于故障状态

续表

指示灯名称	颜色	状态	含义
ALM	红色	常灭	无告警
		常亮或闪烁	告警状态，表明在运行中存在故障
ACT	绿色	常亮	单板处于主用状态
		常灭	单板处于备用状态
LINK（网口处）	绿色	常亮	链路处于连接状态
		常灭	链路处于断开状态
ACT（网口处）	橙色	闪烁	有数据传送
		常灭	没有数据传送

三、任务操作指南

任务1 例行维护检查

（一）实训环境描述

本实训环境中的 3G 网络是 WCDMA 制式设备，其中无线接入侧的 NodeB 和 RNC 设备均采用华为公司研制的专业设备，NodeB 设备的产品型号为 DBS3900，RNC 设备的产品型号为 BSC6810。本实训网络是一个完整的 3G 网络，包括基站和核心网设备。实训网络拓扑如图 4-21 所示。

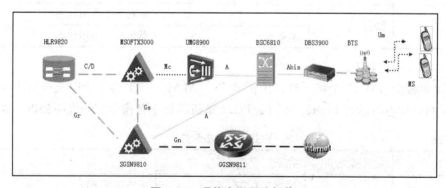

图 4-21 通信实训网络拓扑

实训室的硬件情况如图 4-22 所示。

（二）操作指南

（1）查看机房是否有供电告警、火警、烟尘告警。

（2）查看机房内温度计指示并做记录。

图 4-22　实训室硬件网络

（3）查看机房内湿度计指示并做记录。

（4）机柜锁是否正常，门是否开关自如。

（5）用万用表测量电源电压并做记录。

（6）查看机房内设备外壳、设备内部、地板、桌面的清洁状况。

完成以上操作并填写例行维护检查表 4-27。

表 4-27　　　　　　　　　　　　　　基站例行维护检查表

检查项目	操作指导	参考标准	检查结果
机房环境告警	查看机房是否有供电告警、火警、烟尘告警	无供电告警、火警、烟尘告警	
机房的防盗网、门、窗	查看机房的防盗网、门、窗等设施是否完好	完好无损坏	
机房温度	查看机房内温度计指示	机房温度 15～30 ℃为正常	
机房湿度	查看机房内湿度计指示	机房湿度在 40%～65%为正常	
机房内空调	查看机房内空调制冷/制热温度、开关情况	空调运行正常，所设温度与温度计实际指示一致	
机房内防尘	查看机房内设备外壳、设备内部、地板、桌面的清洁状况	干净整洁，无明显尘土附着	
电源线	检查供电系统与机柜配电盒处电源线的连接情况	电源线无老化。连接安全、可靠，连接点无腐蚀	
电压	用万用表测量电源电压	在标准电压允许范围内	

任务 2　NodeB 设备的维护

（一）实训环境描述

本实训环境中的 NodeB 采用的是华为公司研制的 DBS3900 设备。NodeB 实训硬件设备如图 4-23 所示。

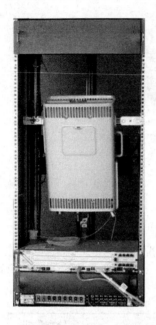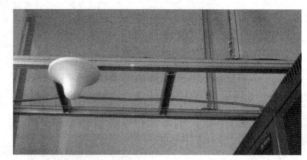

图 4-23　NodeB 实训硬件设备

（二）操作指南

1. BBU3900 设备维护

[步骤 1] 检查风扇是否有告警。

[步骤 2] 检查 BBU 的进出风口以及 BBU 所在机框、机柜的进出风口检查设备清洁。

[步骤 3] 检查指示灯是否正常。

[步骤 4] 检查机柜环境温度。

检查以上项目并完成 BBU 设备维护检查表 4-28。

表 4-28　　　　　　　　　　　　　BBU 设备维护检查表

检查项目	操作指导	参考标准	检查结果
检查风扇	检查风扇	无相关风扇告警	
检查 BBU 风道	检查 BBU 的进出风口以及 BBU 所在机框、机柜的进出风口	网孔上积灰不得过多，必要时请进行清除	
检查设备清洁	检查各设备是否清洁	设备表面清洁、机框内部灰尘不得过多	
检查指示灯	检查设备的指示灯是否正常	无相关指示灯报警	
检查机柜环境温度	检查机柜内的温度是否正常	BBU3900 工作的环境温度要求：−20～+55℃。	

2. BBU3900 上电

[步骤 1] 用电压表测量外部输入电源电压。

如果 BBU3900 采用+24V DC 输入，外部输入电源电压应在+21.6～+29V DC 范围内。

如果 BBU3900 采用−48V DC 输入，外部输入电源电压应在−57～−38.4V DC 范围内。

[步骤 2] 将 BBU3900 电源开关置为"ON"，给 BBU3900 上电。上电电源接口如图 4-24 所示。

图 4-24 BBU 电源接口

[步骤 3] 查看 BBU3900 各单板面板上"RUN"、"ALM"和"ACT"3 个指示灯的状态，根据指示灯的状态进行下一步操作。

[步骤 4] 单板开始运行后，指示灯的状态会发生变化，根据指示灯的状态进行下一步操作。将测量结果填入表 4-29。

表 4-29   BBU 设备上电检查表

测量项目	测量结果	状态说明
输入电压		
RUN 指示灯		
ALM 指示灯		
ACT 指示灯		

3．BBU3900 下电

先关闭 BBU3900 的电源开关，再关闭控制 BBU3900 电源的外部电源输入设备的开关。

4．RRU 预防性维护

对 RRU 进行预防性维护，能提高 RRU 设备运行稳定性。RRU 设备预防性维护项目如表 4-30 所示。

表 4-30   RRU 设备维护检查表

序号	检查项目	检查结果
1	所有 RRU 均安装牢固且未遭破坏	
2	在入机柜处的线缆密封良好	
3	所有射频线缆均未磨损、切割和破损	
4	所有射频线缆连接器均密封良好	
5	所有射频线缆导管均保持完好	
6	所有电源线均未磨损、切割和破损	
7	所有电源线连接器均保持完好	
8	所有电源线导管均保持完好	
9	所有电源线的屏蔽情况良好	

续表

序号	检查项目	检查结果
10	所有电源线的密封情况良好	
11	所有 CPRI 光纤线缆均未磨损、切割和破损	
12	维护腔盖板的盖板螺钉紧固	
13	所有电调线缆（选配）均未磨损、切割和破损	
14	所有电调线缆（选配）的连接器均密封良好	

5. RRU 上电

[步骤 1] 确保 RRU 硬件及线缆已安装完毕。用电压表测量 RRU 电源输入端口电源电压，电压值应在−57～−36V DC 范围内。

[步骤 2] 将 RRU 配套电源设备上对应的空开开关置为"ON"，给 RRU 上电。

[步骤 3] 等待 3～5 min 后，查看 RRU 模块指示灯的状态，各种状态的含义请参见 RRU 指示灯。将查看结果填入表 4-31。

表 4-31　　　　　　　　　　　RRU 上电检查表

测 量 项 目	测 量 结 果	状 态 说 明
输入电压		
RUN 指示灯		
ALM 指示灯		
OP0/OP1 指示灯		

[步骤 4] 根据指示灯的状态，进行下一步操作。操作步骤如表 4-32 所示。

表 4-32　　　　　　　　　　　RRU 上电检查后续步骤

如　果	则
RRU 运行正常	上电结束
RRU 发生故障	将空开开关设置为"OFF"，排除故障后转步骤 1

6. RRU 下电

将 RRU 配套电源设备上对应的空开开关置为"OFF"。

任务 3　RNC 设备的维护

（一）实训环境描述

本实训环境中的 RNC 采用的是华为公司研制的 BSC6810 设备，外观如图 4-25 所示。

图 4-25　BSC6810 设备外观

（二）操作指南

1. RNC 例行硬件维护

（1）查看机房是否有环境告警。

（2）观测机房温度和湿度。

（3）查看机房空调。

进行检查并记录检查结果，填写例行维护检查表 4-33。

表 4-33　　　　　　　　　　RNC 例行维护检查表

检 查 项 目	检 查 内 容	正 常 情 况	检 查 结 果
机房环境告警	查看机房是否有供电告警、火警、烟尘和水浸告警	无供电告警、火警、烟尘和水浸告警	
机房温度	观测机房内温度计指示	机房环境温度在 15～30℃	
机房湿度	观测机房内湿度计指示	机房湿度在 40%～65%	
机房内空调	检查空调制冷/制热度、开关情况等	空调正常运行，所设温度与温度计实际指示一致	

2. RNC 机柜维护

（1）查看机柜风扇运转状态。

（2）查看机柜防尘网。

（3）查看机柜外部。

（4）查看机柜的门和锁。

（5）查看机柜清洁度。

（6）查看空闲光接口。

进行检查并记录检查结果。填写 RNC 机柜例行检查表 4-34。

表 4-34　　　　　　　　　　RNC 机柜维护检查表

项目	操作指导	参考标准	检查结果
机柜风扇	检查机柜风扇	风扇运转良好，无异常声音，如叶片接触到箱体的声音	
机柜防尘网	检查各机柜的防尘网	防尘网上应无明显灰尘、无损坏；清洗 RNC 机柜防尘网，更换 RNC 防尘网	

续表

项目	操作指导	参考标准	检查结果
机柜外部	检查机柜外部是否有凹痕、裂缝、孔洞、腐蚀等损坏痕迹，机柜标识是否清晰	机柜完好，标识清晰	
机柜锁和门	机柜锁是否正常，门是否开关自如	机柜锁正常，门开关自如	
机柜清洁	仔细检查各机柜是否清洁	机柜表面清洁、机框内部灰尘不得过多等	
单板的空闲光接口	查看空闲光接口处是否盖有防尘帽	空闲光接口处应盖有防尘帽	

3. RNC 线缆维护

（1）检查接头和插座。

（2）检查网线的连接情况。

（3）检查光纤的连接情况。

按表 4-35 进行检查并记录检查结果。

表 4-35　　　　　　　　　　　RNC 线缆维护检查表

项目	操作指导	参考标准	检查结果
接头、插座	检查接头和插座的绝缘体上是否附着有灰尘、油污	绝缘体清洁无污染	
网线连接	仔细检查网线的连接情况	网线连接可靠 网线无损坏 标签清晰易辨识。如果标签有磨损，需要更换新标签，而且在更换标签的时候一定要注意与原标签上记录的内容一致	
光纤连接	仔细检查光纤的连接情况	光纤连接可靠 光纤完好无损 标签清晰易辨识。如果标签有磨损，需要更换新标签，而且在更换标签的时候一定要注意与原标签上记录的内容一致	

4. 佩戴 RNC 防静电腕带

[步骤 1] 正确佩戴防静电腕带。

[步骤 2] 将防静电腕带可靠连接到机柜上的防静电插孔中，如图 4-26 所示。

5. 清除 RNC 风扇盒灰尘

用除尘工具对风扇盒备件进行除尘处理。步骤如下。

[步骤 1] 打开机柜前门，拧松固定风扇盒的两颗松不脱螺钉。RNC 风扇盒如图 4-27 所示。

[步骤 2] 将风扇盒从机柜中取出。

[步骤 3] 将备用风扇盒装入机柜，然后紧固螺钉。

[步骤 4] 用除尘工具对更换下来的风扇盒进行除尘处理，经过除尘后的此风扇盒将作为备用风扇盒使用。

图 4-26　防静电插孔和手环

图 4-27　RNC 风扇盒

重复上述步骤，依次更换机架上正在运行的其他风扇盒，直至所有风扇盒都完成除尘更换。

6. 清洗机柜底部防尘网

打开 N68E-22 机柜前门，在机柜前面立柱的最底部，用十字螺丝刀卸下固定防尘网框的两颗螺钉，如图 4-28 所示。

图 4-28　RNC 底部防尘网

双手握住防尘网框的面板，将防尘网框稍微向上抬，以使防尘网框的面板高于机柜底部固定接地线的螺钉的高度，向外慢慢拉动防尘网框，直至将防尘网框从机柜中取出。用清水清洗防尘网，然后用干抹布擦净，并将其放置在通风处晾干。

7. 清洗机柜门上的防尘网

打开机柜门，将附着在门内侧的黑色防尘网从束网条上剥离。用清水清洗防尘网，然后将其放置在通风处晾干，或将其用脱水机脱水后放置在通风处晾干。用干净、干燥的棉纱布对机柜门内侧的金属壁进行擦拭清洁。将清洗并晾干后的防尘网沿机柜门内侧的边沿贴上。

8. 检查 RNC 单板指示灯

请找到相应的 RNC 单板，然后查看单板指示灯状态，完成表 4-36。

表 4-36　　　　　　　　　　　　　RNC 单板指示灯检查表

单板名称	指示灯名称	指示灯状态	状态说明
RNC 配电盒前面板	RUN		
	ALM		
风扇盒	STATUS		
OMUa 单板	RUN		

续表

单板名称	指示灯名称	指示灯状态	状态说明
OMUa 单板	ALM		
	ACT		
	OFFLINE		
	HD0、HD1		
	LINK		
SCUa 单板	RUN		
	ALM		
	ACT		
	LINK		
GCUa/GCGa 单板	RUN		
	ALM		
	ACT		
SPUa 单板	RUN		
	ALM		
	ACT		
	LINK		
DPUb 单板	RUN		
	ALM		
	ACT		
AEUa 单板	RUN		
	ALM		
	ACT		
UOIa 单板	RUN		
	ALM		
	ACT		
POUa 单板	RUN		
	ALM		
	ACT		
SCUa 单板	RUN		
	ALM		
	ACT		
	LINK		
AOUa 单板	RUN		
	ALM		
	ACT		
FG2a 单板	RUN		
	ALM		
	ACT		
	LINK		

四、任务评价标准

任务 1　基站设备的日常检查

（一）技术规范

1. 时间规范

① 完成全部操作在 40min 以内者，得 10 分。

② 完成全部操作在 41～50min 者，得 8 分。

③ 完成全部操作在 51～60min 者，得 7 分。

④ 完成全部操作在 61～70min 者，得 5 分。

⑤ 完成全部操作在 71～80min 者，得 4 分。

⑥ 完成全部操作在 81～90min 者，得 3 分。

⑦ 超过 90min 未完成者，得 0 分。

2. 完成基站日常例行检查

① 未完成温度的检查，扣 5 分。

② 未完成湿度的检查，扣 5 分。

③ 未完成门窗检查，扣 5 分。

④ 未完成环境告警检查，扣 5 分。

⑤ 未完成空调检查，扣 5 分。

⑥ 未完成防尘检查，扣 5 分。

⑦ 未完成电源线检查，扣 5 分。

⑧ 未完成电压检查，扣 5 分。

3. 完成例行检查记录

① 每少做 1 项数据记录者，扣 4 分。

② 数据填写不规范或有明显错误者，每项扣 2 分。

4. 工具使用规范

① 工具器材损坏者，视情况扣 3～5 分。

② 工具材料未按规范整理摆放，随意堆放、丢弃者，视情况扣 1～2 分。

③ 工具器材未经允许自行带出实训场地的，视情况扣 1～3 分。

④ 未经允许私自带入个人工具器材进入实训场地的，视情况扣 1～3 分。

5. 文明操作规范

① 未按安全操作规范进行操作，出现安全隐患，或已造成人员和场地的轻微伤害者，视情况扣 1～3 分。

② 随意浪费线缆、接头等材料者，视情况扣 1～2 分。

③ 不能融洽地与团队中其他人合作，操作过程中发生争执或纠纷者，视情况扣 1～2 分。

④ 实训场地内大声喧哗、随意走动、打闹、睡觉、接听手机、看与课程无关的课外书等违纪行为者，视情况扣 1～2 分。

⑤ 在实训场地内饮食、乱丢垃圾者，视情况扣 1～2 分。

⑥ 实训场地内不听从老师的安排和指挥，任意而为者，视情况扣 1～2 分。

⑦ 实训任务结束后，未按要求整理自己的工作台及相关工具器材者，扣 1 分。

（二）评价标准

评价标准如表 4-37 所示。

表 4-37 　　　　　　　　　　　　　　任务评价表

任务名称	基站设备的日常检查			
姓名		班级		
评价要点	评价内容	分值	得分	备注
完成时间（10 分）	完成全部操作所用的时间情况	10		
基站例行检查（40 分）	完成温度的检查	5		
	完成湿度的检查	5		
	完成门窗检查	5		
	完成环境告警检查	5		
	完成空调检查	5		
	完成防尘检查	5		
	完成电源线检查	5		
	完成电压检查	5		
检查记录（30 分）	完整填写记录表格	20		
	数据填写规范准确	10		
工具使用（10 分）	工具器材有否损坏	5		
	工具材料是否按规范整理摆放	2		
	工具材料的进出是否经过允许	3		
文明操作（10 分）	是否按安全操作规范进行操作	3		
	是否浪费线缆、接头等材料	2		
	能否融洽地与团队中其他人合作	2		
	是否遵守实训场地纪律，听从老师安排、指挥	2		
	是否按要求整理工作台及器材等	1		
合计		100		

任务 2　NodeB 设备的维护

（一）技术规范

1. 时间规范

① 完成全部操作在 40min 以内者，得 10 分。

② 完成全部操作在 41～50min 者，得 8 分。

③ 完成全部操作在 51～60min 者，得 7 分。

④ 完成全部操作在 61～70min 者，得 5 分。

⑤ 完成全部操作在 71～80min 者，得 4 分。

⑥ 完成全部操作在 81～90min 者，得 3 分。

⑦ 超过 90min 未完成者，得 0 分。

2. BBU3900 设备维护

① 未检查风扇告警者，扣 5 分。

② 未对设备清洁进行检查者，扣 5 分。

③ 未检查指示灯状态者，扣 5 分。

④ 未检查机柜环境温度者，扣 5 分。

3. BBU3900 上/下电

① 正确完成 BBU3900 上电操作，得 5 分。

② 正确完成 BBU3900 下电操作，得 5 分。

4. RRU 预防性维护

① 完成 RRU 预防性维护，每完成 1 项得 1 分。

② 未规范填写 RRU 预防性维护表格者，每缺 1 项扣 1 分。

5. RRU 上/下电

① 正确完成 RRU 上电操作，得 5 分。

② 正确完成 RRU 下电操作，得 5 分。

6. 工具使用规范

① 工具器材损坏者，视情况扣 3～5 分。

② 工具材料未按规范整理摆放，随意堆放、丢弃者，视情况扣 1～2 分。

③ 工具器材未经允许自行带出实训场地的，视情况扣 1～3 分。

④ 未经允许私自带入个人工具器材进入实训场地的，视情况扣 1～3 分。

7. 文明操作规范

① 未按安全操作规范进行操作，出现安全隐患，或已造成人员和场地的轻微伤害者，视情况扣 1～3 分。

② 随意浪费线缆、接头等材料者，视情况扣 1～2 分。

WCDMA 基站维护教程

③ 不能融洽地与团队中其他人合作，操作过程中发生争执或纠纷者，视情况扣 1～2 分。

④ 实训场地内大声喧哗、随意走动、打闹、睡觉、接听手机、看与课程无关的课外书等违纪行为者，视情况扣 1～2 分。

⑤ 在实训场地内饮食、乱丢垃圾者，视情况扣 1～2 分。

⑥ 实训场地内不听从老师的安排和指挥，任意而为者，视情况扣 1～2 分。

⑦ 实训任务结束后，未按要求整理自己的工作台及相关工具器材者，扣 1 分。

（二）评价标准

评价标准如表 4-38 所示。

表 4-38　　　　　　　　　　　　　任务评价表

任务名称	NodeB 设备的维护			
姓名		班级		
评价要点	评价内容	分值	得分	备注
完成时间（10 分）	完成全部操作所用的时间情况	10		
BBU 设备维护（20 分）	检查风扇告警	5		
	检查设备清洁	5		
	检查指示灯状态	5		
	检查机柜环境温度	5		
BBU 上/下电（10 分）	完成 BBU3900 上电操作	5		
	完成 BBU3900 下电操作	5		
RRU 维护（30 分）	完成 RRU 预防性维护	15		
	正确填写 RRU 预防性维护表格	15		
RRU 上/下电（10 分）	完成 RRU 上电操作	5		
	完成 RRU 下电操作	5		
工具使用（10 分）	工具器材有否损坏	5		
	工具材料是否按规范整理摆放	2		
	工具材料的进出是否经过允许	3		
文明操作（10 分）	是否按安全操作规范进行操作	3		
	是否浪费线缆、接头等材料	2		
	能否融洽地与团队中其他人合作	2		
	是否遵守实训场地纪律，听从老师安排、指挥	2		
	是否按要求整理工作台及器材等	1		
合计		100		

任务 3　RNC 设备的维护

（一）技术规范

1. 时间规范

① 完成全部操作在 40min 以内者，得 10 分。

② 完成全部操作在 41～50min 者，得 8 分。

③ 完成全部操作在 51～60min 者，得 7 分。

④ 完成全部操作在 61～70min 者，得 5 分。

⑤ 完成全部操作在 71～80min 者，得 4 分。

⑥ 完成全部操作在 81～90min 者，得 3 分。

⑦ 超过 90min 未完成者，得 0 分。

2. RNC 例行硬件维护

① 未完成机房环境告警检查，扣 3 分。

② 未完成机房温度检查，扣 3 分。

③ 未完成机房湿度检查，扣 3 分。

④ 未完成机房空调检查，扣 3 分。

⑤ 表格填写不规范，扣 1～3 分。

3. RNC 机柜维护

① 未完成机柜风扇运转状态检查，扣 5 分。

② 未完成机柜防尘网检查，扣 5 分。

③ 未完成机柜外部检查，扣 5 分。

④ 未完成门和锁检查，扣 5 分。

⑤ 未完成机柜清洁度检查，扣 5 分。

⑥ 未完成空闲光接口检查，扣 5 分。

4. RNC 线缆维护

① 未完成 RNC 线缆接头和插座检查，扣 5 分。

② 未完成网线连接情况检查，扣 5 分。

③ 未完成光纤连接情况检查，扣 5 分。

5. RNC 设备除尘

① 未正确佩戴防静电手环，扣 5 分。

② 未完成风扇盒除尘，扣 5 分。

③ 未完成机柜底部防尘网清洗，扣 5 分。

④ 未完成机柜侧门防尘网清洗，扣 5 分。

6. 单板指示灯检查

① 未完成单板指示灯状态检查者，每缺一项扣 2 分。

② 未正确填写单板指示灯状态检查表格，每缺一项扣 1 分。

7. 工具使用规范

① 工具器材损坏者，视情况扣 3～5 分。

② 工具材料未按规范整理摆放，随意堆放、丢弃者，视情况扣 1～2 分。

③ 工具器材未经允许自行带出实训场地的，视情况扣 1～3 分。

④ 未经允许私自带入个人工具器材进入实训场地的，视情况扣 1～3 分。

8. 文明操作规范

① 未按安全操作规范进行操作，出现安全隐患，或已造成人员和场地的轻微伤害者，视情况扣 1～3 分。

② 随意浪费线缆、接头等材料者，视情况扣 1～2 分。

③ 不能融洽地与团队中其他人合作，操作过程中发生争执或纠纷者，视情况扣 1～2 分。

④ 实训场地内大声喧哗、随意走动、打闹、睡觉、接听手机、看与课程无关的课外书等违纪行为者，视情况扣 1～2 分。

⑤ 在实训场地内饮食、乱丢垃圾者，视情况扣 1～2 分。

⑥ 实训场地内不听从老师的安排和指挥，任意而为者，视情况扣 1～2 分。

⑦ 实训任务结束后，未按要求整理自己的工作台及相关工具器材者，扣 1 分。

（二）评价标准

评价标准如表 4-39 所示。

表 4-39 任务评价表

任务名称	RNC 设备的维护			
姓名		班级		
评价要点	评价内容	分值	得分	备注
完成时间（10 分）	完成全部操作所用的时间情况	10		
例行硬件维护（15 分）	完成机房环境告警检查	3		
	完成机房温度检查	3		
	完成机房湿度检查	3		
	完成机房空调检查	3		
	完成表格数据记录	3		
机柜维护（15 分）	完成机柜风扇运转状态检查	2.5		
	完成机柜防尘网检查	2.5		
	完成机柜外部检查	2.5		
	完成门和锁检查	2.5		
	完成机柜清洁度检查	2.5		
	完成机柜侧门防尘网清洗	2.5		

续表

评价要点	评价内容	分值	得分	备注
线缆维护（10分）	完成 RNC 线缆接头和插座检查	3		
	完成网线连接情况检查	4		
	完成光纤连接情况检查	3		
设备除尘（20分）	正确佩戴防静电手环	5		
	完成风扇盒除尘	5		
	完成机柜底部防尘网清洗	5		
	完成机柜侧门防尘网清洗	5		
指示灯检查（10分）	完成单板指示灯状态检查	5		
	正确填写单板指示灯状态检查表格	5		
工具使用（10分）	工具器材有否损坏	5		
	工具材料是否按规范整理摆放	2		
	工具材料的进出是否经过允许	3		
文明操作（10分）	是否按安全操作规范进行操作	3		
	是否浪费线缆、接头等材料	2		
	能否融洽地与团队中其他人合作	2		
	是否遵守实训场地纪律，听从老师安排、指挥	2		
	是否按要求整理工作台及器材等	1		
合计		100		

参 考 文 献

[1] 胡国安. 3G 基站系统运行与维护. 北京：人民邮电出版社，2012.

[2] WCDMA 基站调测手册. 深圳：华为技术有限公司，2008.

[3] 窦中兆，等. WCDMA 系统原理与无线网络优化. 北京：清华大学出版社，2009.

[4] 张建华. WCDMA 无线网络技术. 北京：人民邮电出版社，2007.

[5] Harri Holma, Antti Toskala, 著. 付景兴，等译. WCDMA 技术与系统设计——第三代移动通信系统的无线接入（第 2 版）北京：机械工业出版社，2004.